Kinder- und Jugendstimme

Band 6

T0135980

Kinder- und Jugendstimme

Band 6

Herausgegeben von
Prof. Dr. Michael Fuchs

Michael Fuchs (Hrsg.)

Stimme – Körper – Bewegung

Logos Verlag Berlin

λογος

Kinder- und Jugendstimme

Herausgegeben von

Prof. Dr. Michael Fuchs

unter Mitarbeit von Dipl.-Sprechwissenschaftler Roland Täschner
Universitätsklinikum Leipzig AÖR
Sektion für Phoniatrie und Audiologie
Liebigstraße 10-14, 04103 Leipzig

Tel.:   +49 (0)341 / 9721 800
Fax: +49 (0)341 / 9721 809
Email: phoniatrie@uniklinikum-leipzig.de

Bibliografische Information der Deutschen Nationalbibliothek

Die Deutsche Nationalbibliothek verzeichnet diese Publikation in der
Deutschen Nationalbibliografie; detaillierte bibliografische Daten
sind im Internet über http://dnb.d-nb.de abrufbar.

ISBN 978-3-8325-3080-8
ISSN 1863-2440

Logos Verlag Berlin GmbH
Comeniushof, Gubener Str. 47,
10243 Berlin

Tel.:   +49 (0)30 / 42 85 10 90
Fax: +49 (0)30 / 42 85 10 92

http://www.logos-verlag.de

Vorwort

Die menschliche Stimme entsteht durch das Zusammenwirken verschiedenster Organsysteme unseres Körpers. Dadurch wird auch die Funktion des Stimmapparates durch Körperhaltung, muskuläre Spannung und Konstitution des gesamten Organismus beeinflusst. Diese Wechselwirkungen spielen für singende Kinder und Jugendliche eine zentrale Rolle, insbesondere, da sich während des Wachstums ihr Körper und die Wahrnehmung ihres Körpers ständig verändern.

Das 9. Leipziger Symposium zur Kinder- und Jugendstimme 2011, dessen Vorträge und Workshops in diesem Band schriftlich zusammengefasst wurden, nahm zudem große und kleine Bewegungen in den Fokus, die für die Wirkung der Stimme wichtig sind. Es wurden Bewegungsabläufe zur Unterstützung der Sprech- und Singstimme ebenso beleuchtet, wie die Einbeziehung des Rhythmus für eine attributionsgerechte Umsetzung der Bewegung im Alltag eines Stimmberufes und auf der Bühne. Aber auch die feinen Bewegungen der Stimmlippen und der Muskeln des Vokaltraktes bei der Stimmentstehung gehören zu diesem Thema. Deren Störungsformen und Behandlungsmöglichkeiten betreffen ebenso alle Professionen, die sich mit der Kinder- und Jugendstimme befassen. Die sängerischen und stimmärztlichen Perspektiven wurden durch aktuelle Erkenntnisse aus den Neurowissenschaften und der Pädagogik ergänzt.

Als Herausgeber danke ich den Autoren und dem Lektor, Roland Täschner, sehr herzlich. Als Vertreter des Konzeptionsteams möchte ich an dieser Stelle ausdrücklich betonen, wie glücklich wir uns schätzen, dass es wieder gelingen konnte, ausgewiesene und international anerkannte Referenten und Workshopleiter zu gewinnen. Sie alle haben gemeinsam mit den rund 500 Teilnehmern dazu beigetragen, das Symposium als ein interdisziplinäres Podium für die Kinder- und Jugendstimme zu gestalten. Die unterschiedlichen Perspektiven der einzelnen Professionen führten in allererster Linie zur gegenseitigen Bereicherung. Noch bestehende Diskrepanzen in der Nomenklatur und im funktionellen Verständnis sollten als Chance verstanden werden, auch im Rahmen solcher Veranstaltungen weiter an einer gemeinsamen Sprache zu feilen, die eine belastbare Basis für unsere Bemühungen um die jungen Stimmen darstellt. Insofern muss der Hinweis, dass die Inhalte der Kapitel die persönliche Meinung des jeweiligen Autors widerspiegeln, vor allem aus formalen, aber viel weniger aus inhaltlichen Gründen geäußert werden.

Im Namen der Autoren wünsche ich dem Leser eine interessante, anregende und für die tägliche Arbeit nützliche, vielleicht auch spannende Lektüre.

Leipzig, Februar 2012

Prof. Dr. Michael Fuchs

Inhaltsverzeichnis

Mikrobewegungen für die Stimmentstehung: Stimmlippenschwingungen bei Kindern und Jugendlichen

MICHAEL FUCHS

Beim Singen, Sprechen und jeder anderen stimmlichen Äußerung finden auf der Grundlage muskulärer Aktivitäten permanent komplexe Bewegungsabläufe statt. Viele dieser Bewegungen beeinflussen die Körperposition und -haltung, sind sichtbar und wirken auf den Kommunikationspartner oder das Publikum. Manche Bewegungen werden bewusst eingesetzt, um die stimmliche Leistungsfähigkeit und Qualität zu steigern oder um die gesprochene oder gesungene Information nonverbal zu unterstreichen. Andere Bewegungen sind winzig und ohne Hilfsmittel nicht zu sehen, aber ebenso wichtig für die Stimmentstehung: die Stimmlippenschwingungen.

Ein Gedankenexperiment

An den Anfang sei ein Gedankenexperiment gestellt: Bei jeder Stimmbenutzung befinden sich die Stimmlippen in der so genannten Phonationsstellung, in der die Stimmritze (Glottis) geschlossen ist. Bei einem gesunden Stimmapparat vollziehen aus dieser Position heraus symmetrische, reguläre Schwingungen beider Stimmlippen, wobei die Frequenz der Stimmlippenschwingung die Grundfrequenz des primären Kehlkopfschalls (des hörbaren Tones) bestimmt. Die Amplitude, also wie weit die Stimmlippen bei jeder einzelnen Schwingung von der Mittellinie nach seitlich und wieder zurück zur Mittellinie schwingen, hängt unter anderem von der Tonhöhe ab. Je tiefer der Ton, desto größer die Amplituden, vize versa. Untersuchungen der Erlanger Arbeitsgruppe konnten zeigen, dass die durchschnittliche Amplitude einer Stimmlippenschwingung zwischen 3 mm und 4,5 mm liegt [7]. Bezieht man den kleineren der beiden Werte auf beide Seiten, so bewegen sich rechte und linke Stimmlippe zusammen bei jeder einzelnen Schwingung etwa 2 x 3 mm = 6 mm. Geht man weiter davon aus, dass die Grundfrequenz einer männlichen Sprechstimme durchschnittlich bei 110 Hz liegt, also bei 110 Schwingungen pro Sekunde, so bewegen sich beide Stimmlippen 66 cm pro Sekunde. Setzt man einmal voraus, dass – abweichend vom natürlichen Sprechvorgang – keine Tonhöhenschwankungen und rhythmisierende Unterbrechungen der Phonation bestehen, dann bewegen sich die Stimmlippen 39,60 Meter / Minute oder in jeder Stunde 2,196 km. Summiert man dann noch alle stimmlichen Äußerungen an einem durchschnittlichen Tag eines „Durchschnittssprechers" auf 3 Stunden auf, so legen die winzigen Stimmlippen 6,588 km pro Tag oder 2405 km pro Jahr zurück. Bei einer angenommenen Lebensdauer von 80 Jahren sind das immerhin 192.400 km im gesamten Leben, also etwa 4,8mal um die Erde. Bei Frauen (doppelte Grundfrequenz der Sprechstimme), bei allen singenden Menschen oder in stimmintensiven Berufen läge die zurückgelegte Strecke um ein Vielfaches höher. Vielleicht kann diese näherungsweise Schätzung verdeutlichen, welche enorme Beanspruchung der Stimmlippen resultiert, wenn wir unsere Stimme benutzen. Beeindruckend ist dabei auch, wie schnell die Stimmlippen schwingen können. Das hohe c^3 im oberen Bereich einer ausgebildeten Frauenstimme bedeutet 1.048 Schwingungen pro Sekunde. Für das Verständnis derart schneller Schwingungsabläufe liefern die aktuellen Kenntnisse über den histologischen (feingeweblichen) Aufbau der Stimmlippen und die myoelastisch-aerodynamische Stimmentstehungstheorie in vielen (aber nicht in allen) Punkten plausible Erklärungen:

Muskulärer Körper und „Flattern" im Luftstrom

Jede Stimmlippe besteht aus einem membranösen (oder ligamentären) und einem knorpeligen Anteil. Ersterer verkörpert den schwingungsfähigen, für die Stimmentstehung entscheidenden vorderen und mittleren Teil, zweiterer den Übergang und Ansatz der Stimmlippen an den Stellknorpelchen im hinteren Bereich des Kehlkopfes. Der membranöse Anteil hat bei Kindern eine durchschnittliche Länge von 3 - 6 mm, bei Männern von 13 - 16 mm und bei Frauen von 11 - 13 mm. Er ist mehrschichtig aufgebaut und besteht aus einem „Körper" aus Stimm-Muskel (Musculus thyroarythenoideus = Musculus vocalis) und Stimmband (Ligamentum vocale) sowie aus einer umhüllenden Schicht, die von einem mehrschichtigen unverhornten Plattenepithel

– einer mechanisch belastbaren, in Richtung Glottis abgrenzenden Schicht – gebildet wird. Dazwischen befindet sich eine mehrschichtige Bindegewebsschicht (Lamina propria), die durch eine gute Verschieblichkeit die große Beweglichkeit des Epithels ermöglicht. Hirano und Mitarbeiter haben diese für das Verständnis der Stimmentstehung grundlegenden anatomischen Kenntnisse daher als „Body-cover"-System beschrieben [5]. Daraus erklärt sich auch, warum die exakte Bezeichnung „Stimmlippe" und nicht „Stimmband" lautet, da letzteres eben nur ein Teil der Stimmlippe ist. Aus phoniatrischer Sicht wäre es sehr wünschenswert, wenn sich diese Bezeichnung auch bei den nichtmedizinischen Fachleuten, die sich mit Stimme beschäftigen, durchsetzen würde.

Für die Stimmentstehung sind einerseits die muskulären und elastischen Kräfte in der „Tiefe" der Stimmlippe und auch die innerhalb und außerhalb des Kehlkopfes wirkenden muskulären Aktivitäten entscheidend. Andererseits ist es das „Flattern"[1] im Luftstrom, also die schnell schwingende Bewegung beider Stimmlippen auf der Grundlage des subglottischen (Ausatem-) Luftstroms, die den eigentlichen Stimmschall erzeugt. Denn die wechselweise Anspannung und Entspannung eines Muskels wäre viel zu langsam, um die erforderlichen Frequenzen für die Stimmentstehung zu erzeugen. Sie würde auch zu schnell ermüden bzw. in eine langfristige Kontraktur (quasi Krampf) übergehen. Die Muskulatur ist vielmehr als ein zur Schwingung angeregtes System zu verstehen, deren Frequenz und Amplitude viel geringer sind.

Die Randkantenschwingung als ein Qualitätsmerkmal einer Stimme

Die Stimmlippen stoßen bei jeder Einzelschwingung nicht wie zwei flache Platten aneinander, sondern ihr freier Rand an der Stimmritze hat eine gewisse Dicke und geht in einer sanften Wölbung in die unteren Teile des Kehlkopfs über. Dadurch wird eine Randkante erzeugt,

---

[1]Der Begriff „Flattern" ist physikalisch nicht ganz exakt, da es sich beim Gesunden um reguläre Schwingungen handelt. Man kann sich den physikalischen Ablauf verdeutlichen, indem man durch zwei aneinander liegende Papierblätter bläst. Diese werden nicht einfach auseinandergedrängt, sondern flattern im Luftstrom.

die bei der Schwingung eine nach außen rollende Bewegung über die Oberfläche der Stimmlippe vollführt. Diese Bewegung wird auch als Randkantenbewegung oder -schwingung bezeichnet. Auch der Begriff Randstimme leitet sich davon ab. Je stärker diese Randkantenschwingung ausgeprägt ist, desto obertonreicher ist der primäre Kehlkopfschall. Der resultierende Reichtum an Obertönen und der höhere Energiegehalt (Schalldruckpegel) der einzelnen Obertöne sowie der Grundfrequenz stellen Qualitätsparameter des Klangs dar, weil sie eine bessere Grundlage für die weitere akustische Formung und Verstärkung für die Vokalbildung beim Sprechen und insbesondere beim Singen bilden. Verändert eine Erkrankung die Oberfläche der Stimmlippen, so bewirkt sie als eines der ersten Symptome eine Reduktion der Randkantenschwingung und damit eine Veränderung des Stimmklangs. Im umgekehrten Fall sollten alle stimmlich und sängerisch Aktiven versuchen, eine möglichst gute Randkantenschwingung zu ermöglichen. Positiven Einfluss darauf haben:

- ein abgestimmtes Gleichgewicht zwischen Ausatem-Luftstrom und muskulärer Spannung der Stimmlippen (Gesangstechnik, Vermeidung muskulärer Überspannung),

- ein ausreichender Grad an Elastizität der Stimmlippen (nimmt im Alter ab),

- eine gute Flüssigkeitsversorgung der Stimmlippengewebe (ausreichende Trinkmenge),

- eine gute Befeuchtung der Stimmlippenoberfläche (Meidung geringer Luftfeuchtigkeit),

- Vermeidung von Noxen, die die Oberfläche der Stimmlippen reizen (Nikotin, Stäube, inhalative Medikamente),

- Vermeidung bzw. Behandlung von Erkrankungen, die die Oberfläche der Stimmlippen reizen (z. B. chronische Nasennebenhöhlenentzündungen, Allergien, chronische Lungenerkrankungen, Reflux),

- Vermeidung stimmlicher Überlastungen, die zu einer sekundären Reaktion an der Oberfläche der Stimmlippen führen

(Stimmbelastung auf einen Erkältungsinfekt, exzessive Stimmbelastungen, zu kurze stimmliche Erholungsphasen, längerfristige Überforderung der stimmlichen Voraussetzungen).

Außerdem ist das Ausmaß der Randkantenschwingung von der Tonhöhe, vom Schwingungsmechanismus in den verschiedenen Stimmregistern und von der Lautstärke abhängig. Bei Männern lässt sich die Randkantenschwingung bei der Kehlkopfuntersuchung besser sehen als bei Frauen.

Beim Sprechen und insbesondere beim Singen, also beim schnellen Wechsel der Frequenzen, ist eine permanente, diffizile Abstimmung des transglottischen Luftstroms mit der muskulär-elastischen Spannung der Stimmlippen erforderlich. Die Steuerung erfolgt mittels auditiver und kinästhetischer Kontrolle durch sehr schnelle neuronale Verschaltungen im Hirnstamm und durch übergeordnete Bereiche der Hirnrinde. Diese Prozesse müssen sowohl beim Spracherwerb im Kleinkindalter erworben und beim Erlernen des Singens durch Training erlernt werden. Danach ist ein musterhafter Abruf von muskulären Einstellungen (Spannungszuständen) und Bewegungsabläufen der anatomischen Strukturen des Stimmapparates möglich. Diese Darstellung fokussiert auf die Stimmlippenbewegungen, aber es gilt natürlich, alle muskulären Aktivitätszustände und Bewegungsabläufe des Stimmapparates zu bedenken, also auch bei der Atmung und der Klangformung und Artikulation in den Ansatzräumen.

Ohne Stimmbenutzung kein Stimmlippenwachstum

Die beschriebenen anatomischen Bedingungen gelten für Erwachsene und Jugendliche nach der Pubertät. Bei Kindern vor dem Stimmwechsel geht das Stimmlippenwachstum auch mit einer Gewebsentwicklung einher, die unmittelbare Konsequenzen für die Stimmfunktion haben. An beiden Enden der Stimmlippen existieren spezielle Bereiche (Maculae flavae) mit Zellen (Vocal fold stellate cells) die für den Stoffwechsel und das Wachstum der Stimmlippen verantwortlich sind. Nur wenn nach der Geburt (beginnend mit der ersten Schreiphase) regelmäßige Stimmlippenschwingungen stattfinden, erfolgen ein normales Wachstum und die feingewebliche Differenzierung der Stimmlippen. Untersuchungen an Kindern mit Hirnstammlähmungen, bei de-

nen diese Stimmlippenbewegungen ausbleiben, zeigten konsekutiv eine rudimentäre Ausbildung der Stimmlippen und keine Differenzierung [6].

Insbesondere die Schicht zwischen Stimm-Muskel und Stimm-Band
zeigt bei Kindern noch nicht den mehrschichtigen Aufbau. Das
Verhältnis zwischen knorpeligem und membranösem Anteil der
Stimmlippen ändert sich mit zunehmenden Alter zugunsten des
membranösen Anteils, der für die Stimmentstehung entscheidend ist.
Bei einem Neugeborenen macht der hintere, knorpelige Teil noch
60-75% der gesamten Glottislänge aus, ab dem 5. Lebensjahr bestehen dann fast die Verhältnisse des erwachsenen Kehlkopfes (30-45%)
[1,2]. Die Stimmfunktion nimmt im Kindesalter also einen direkten
Einfluss auf die Ausprägung anatomischer Strukturen. Das bedeutet,
dass sich die anatomischen Voraussetzungen für die stimmliche Leistungsfähigkeit und Qualität der Kinderstimme zumindest bis zum
5. Lebensjahr – vermutlich auch einige Jahre darüber hinaus bis zur
Pubertät – erst schrittweise entwickeln. Auch wenn die klinische Erfahrung zeigt, dass die Belastungsfähigkeit einer Neugeborenen- und
Kleinkindstimme enorm ist (bedenkt man die Intensität und Dauer
des Schreiverhaltens einiger Kinder), scheinen sich die Voraussetzungen für eine zunehmend differenziertere Nutzung der Singstimme
(Differenzierungsfähigkeit der Stimme, Nutzung von klanglichen Nu-
ancen, Schwelltonvermögen) erst langsam zu entwickeln. Das hängt
auch mit der oben beschriebenen Randkantenschwingung zusammen,
die bei Kindern geringer ausgeprägt ist als bei Erwachsenen. Dieser
Prozess geht einher mit der Entwicklung musischen Fähigkeiten und
ist interindividuell höchst unterschiedlich. Aber dieser Fakt kann
Hinweise für die gesangspädagogische Betreuung von Kindern im
Vorschul- und Grundschulalter geben.

Einige Grundlagen zur Muskelphysiologie

Auch wenn die Stimmlippenschwingung nicht unmittelbar durch eine
muskuläre Aktivität verursacht wird, so ist diese doch für die regel-
hafte Schwingung erforderlich. Das bezieht sich sowohl auf die Spannung im Musculus vocalis innerhalb der Stimmlippe als auch auf die
restliche innere und die äußere Kehlkopfmuskulatur, die in bestimm-

ten Mustern zusammenwirken muss, um die Atmung und Stimmentstehung zu ermöglichen. Daher sollen an dieser Stelle einige wenige
basale Informationen zur Muskelphysiologie folgen.

Jede Bewegung des menschlichen Körpers entsteht durch Muskelaktivität. Die kleinste Einheit jeder Bewegung sind die kontraktilen Fi-
lamente als mikroskopisch kleiner Bestandteil jeder Muskelzelle, aus
denen sich wiederum die Muskelfasern zusammensetzen. Die Muskulatur kann sich aufgrund ihres feingeweblichen Aufbaus und der
während der Bewegung ablaufenden biochemischen Prozesse nur aktiv verkürzen (kontrahieren), nicht aber aktiv ausdehnen. Daher sind
in der Regel für jede Bewegung mindestens zwei Muskeln oder Muskelgruppen erforderlich, die auch als Agonist (Spieler) und Antagonist
(Gegenspieler) bezeichnet werden. Beide sind bei einer Bewegung aktiv, und das Verhältnis der Muskelaktivitäten bestimmt das Ausmaß
und die Geschwindigkeit der Bewegung.

Ein einfaches Beispiel: Um den Zeigefinger zu beugen, verkürzen sich
die drei Muskeln an der Innenseite des Fingers. Um den Finger wieder
zu strecken, sind es nicht die gleichen Muskeln, die sich nun ausdehnen würden, sondern die beim Beugeprozess bereits passiv gedehnten
Muskeln auf der Rückseite des Zeigefingers kontrahieren sich und
machen die Beugebewegung quasi rückgängig. Der Zeigefinger kann
natürlich in jede beliebige Stellung zwischen maximaler Streckung
und maximaler Beugung positioniert werden, und das auch in sehr
verschiedenen Geschwindigkeiten. Durch die Kontraktion kann sowohl die Spannung des Muskels erhöht werden, ohne dass eine Bewegung erfolgt (isometrische Muskelaktivität) oder eine Bewegung
erzeugt werden, ohne dass sich die Spannung des Muskels ändert
(isotone Muskelaktivität). In der Regel sind die Muskelaktivitäten bei
Bewegungsabläufen durch beide Elemente charakterisiert. Im Beispiel
des Zeigefingers kann dadurch etwa ein Pianist neben der Bewegungs-
richtung und -geschwindigkeit auch die Kraft steuern, mit der eine
Taste angeschlagen werden soll.

Zudem sind die meisten Bewegungen komplex und werden durch mehrere, gleichzeitig aktive Muskelketten erzeugt. Diese agieren wie Vek-
toren in einem dreidimensionalen Raum, das heißt, nicht jede Bewegung entspricht einer parallelen Muskelkontraktion, sondern die
gleichzeitige Kontraktion mehrerer Muskeln in zum Beispiel drei ver-

schiedene Richtungen kann in einer Bewegung in eine vierte Richtung resultieren. Auch am Kehlkopf vollziehen sich bei der Phonation komplexe Bewegungsabläufe, die bereits vor der Stimmentstehung beginnen und eine Voreinstellung der Stimmlippenspannung realisieren. Werden die Stimmlippen dann durch den Luftstrom zur Schwingung angeregt, entsteht eine Schwingungsfrequenz, die idealerweise der gewünschten (geplanten, vorgegebenen) Tonhöhe entspricht. Insofern ist das richtige Nachsingen eines Tones von der exakten Vorspannung der Muskulatur abhängig. Das gelingt keineswegs jedem Menschen, kann aber trainiert werden. Dabei spielt die auditive Kontrolle und das musterhafte Abspeichern von Spannungszuständen eine zentrale Rolle. Insofern ist zu vermuten, dass Kinder mit einer eingeschränkten Fähigkeit zum Nachsingen von Tönen und Melodien (sogenannte Brummer) Schwierigkeiten bei der präphonatorischen auditiven Analyse und intraphonatorischen Kontrolle und/oder bei der Abspeicherung und dem Abrufen von muskulären Aktivitätsmustern haben. Es sind bisher keine organischen Ursachen für die Schwierigkeiten bekannt, noch existieren gesicherte Kenntnisse über eine eventuelle Vererbbarkeit oder über definierte ungünstige Bedingungen in der kommunikativen Umwelt der betroffenen Kinder. Die gesangspädagogische und klinische Erfahrung zeigt aber, dass durch ein intensives, individuelles und empathisches Üben dieser Fähigkeiten auch die Brummer richtig und sogar in Chören singen können und dass generell durch regelmäßiges Singen für und mit Kleinkindern diesen Problemen vorgebeugt werden kann.

Wie kann man Stimmlippenschwingungen sichtbar machen?

Die Stimmlippen sind Teil des Kehlkopfes, ihre Schwingung kann durch eine indirekte Kehlkopfspiegelung (Laryngoskopie) im Rahmen der klinischen Untersuchung in sitzender Position sichtbar gemacht werden (Abb. 1). Dazu ist es zunächst erforderlich, mittels eines Endoskops (Laryngoskops) den Kehlkopf zu beleuchten und mittels eines optischen Systems (Prismen und Linsen) darzustellen. Diese Optiken existieren als starre oder flexible Untersuchungsinstrumente – beide Verfahren kommen bei Kindern und Jugendlichen in allen Altersgruppen zum Einsatz (Abb. 2). Zum überwiegenden Teil gelingt die Unter-

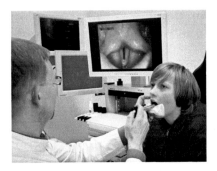

Abbildung 1: Indirekte Laryngoskopie mit einer starren Optik. Der Patient sitzt dem Untersucher gegenüber, bei herausgestreckter und festgehaltener Zunge wird das Untersuchungsinstrument in den Rachen geführt.

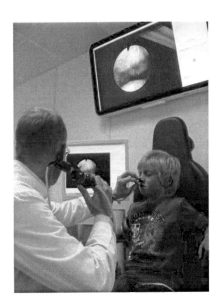

Abbildung 2: Indirekte Laryngoskopie mit einer flexiblen Optik. Der Patient sitzt dem Untersucher gegenüber, das Untersuchungsinstrument wird durch die Nase in den Rachen geführt.

suchung problemlos, gerade bei Früh- und Neugeborenen und bei kleinen Kindern kann sie aber auch eine Herausforderung für den kleinen Patienten, die Eltern und den untersuchenden Arzt darstellen. Bei vorsichtigem Einführen der Instrumente, ggf. unterstützt durch eine örtliche Schleimhaut-Oberflächenanästhesie, ist die Untersuchung nahezu schmerzfrei. Aber aufgrund der für die Kinder beeindruckenden oder gar beängstigenden Endoskope in einer für sie ohnehin ungewohnten Situation entwickeln manche eine ausgeprägte Abwehrhaltung. Häufig gelingt durch beruhigenden, empathischen Umgang, die Schaffung einer spielerischen Situation oder durch geschickte Ablenkung die Laryngoskopie im wiederholten Versuch. Beim frustranem Verlauf kann der Versuch zu einem späteren Zeitpunkt oder an einem der Folgetage wiederholt werden. Nur im Ausnahmefall ist eine Untersuchung in Vollnarkose unumgänglich, wobei bei der dann angewandten direkten Laryngoskopie die organischen Strukturen des Kehlkopfes, nicht aber die Stimmlippenschwingung in Phonation beurteilt werden können.

Die Beurteilung der Einzelschwingungen ist mit bloßem Auge und ohne weitere technische Hilfsmittel nicht möglich. Grundsätzlich werden zwei Verfahren mit der indirekten Laryngoskopie gekoppelt: die Videostroboskopie und die Echtzeitlaryngoskopie. Bei der Stroboskopie wird entweder ein Blitzlicht (Strobos = griechisch der Blitz) verwendet oder die Blende der Videokamera unterbricht mithilfe eines Shutters das Bild. In beiden Fällen werden nur einzelne kurze Abschnitte der sich zyklisch wiederholenden Schwingungen beleuchtet. Dabei wird die Frequenz des Blitzlichtes bzw. des Shutters mit der Grundfrequenz des ausgehaltenen Tones und damit mit der Frequenz der Stimmlippenschwingung abgeglichen. Dadurch entsteht eine verlangsamte Darstellung (quasi eine Zeitlupe) aus der Aneinanderreihung der einzelnen Bilder, die jeweils ganz unterschiedlichen Zeitpunkten der Schwingung entspringen. Insofern basiert diese Untersuchungstechnik streng genommen auf einer optischen Täuschung. Sind die Schwingungen regulär, erzeugt die Stroboskopie zuverlässig aussagekräftige Aufnahmen. Bei stark heiseren Stimmen sind die Schwingungen aber irregulär, d.h. die Grundfrequenz schwankt. Hier stößt die Stroboskopie an ihre Grenzen. Die Echtzeitlaryngoskopie nimmt mit einer Hochgeschwindigkeitskamera mehrere Tausend Bilder pro Sekunde auf. Dadurch kann jede Stimmlippenschwingung

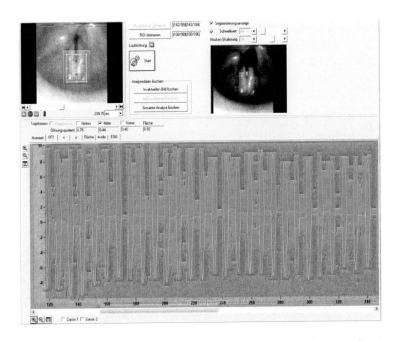

Abbildung 3: Graphische Auswertung einer Echtzeitlaryngsokopie. Links oben das Bild der Stimmlippen mit Markierungspunkten an den freien Rändern. Unten: Analyse des Schwingungsverlaufs der rechten Stimmlippe (unten, gelb) und der linken Stimmlippe (oben, grün). Treffen sich beide Linien in der Mitte, ist die Stimmritze geschlossen. Dadurch lassen sich z.B. Zeitquotienten für die Schlussphase, Offenphase und Öffnungsphase berechnen.

tatsächlich abgebildet werden, wobei schon bei kurzer Aufnahmedauer (z.B. 2 Sekunden) eine immense Datenmenge durch die vielen Einzelbilder erzeugt wird. Das Verfahren eignet sich auch sehr gut für irreguläre Schwingungen und bietet zudem den Vorteil einer quantitativen Auswertung der Schwingungen [3]. Dazu erfolgt eine automatisierte Erkennung der freien Stimmlippenränder und eine Vermessung der Schwingungsabläufe (Amplituden, Phasengleichheit, etc.) (Abb. 3). Zudem können in der Kymographie die Schwingungen einzelner Stimmlippenabschnitte sehr differenziert betrachtet werden (Abb. 4). Diesbezüglich sei auch auf das Kapitel „Stimmleistung und -qualität sichtbar machen: Medizinische Stimmdiagnostik bei Kindern und Erwachsenen" im Band 4 dieser Schriftenreihe verwiesen [4].

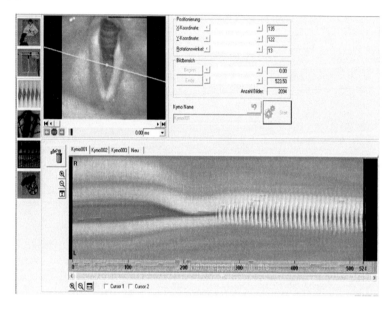

Abbildung 4: Graphische Auswertung einer Kymographie. Links oben das Bild der Stimmlippen mit einer Markierungslinie. Es wird ausschließlich analysiert, wie die Stimmlippenschwingung an dieser Linie erfolgt. Die Öffnungs- und Schließungsbewegungen entlang dieser Linie werden unten im zeitlichen Verlauf von links nach rechts dargestellt. Zunächst schließt sich die Glottis, bevor die Stimmlippen beginnen, zyklisch zu schwingen.

Zusammenfassung

Die menschlichen Stimmlippen sind aus mehreren Schichten aufgebaut. In der Tiefe liegen Stimmmuskel und Stimmband, an deren Oberfläche ein sehr dünnes, sehr bewegliches Epithel. Insofern wäre es aus phoniatrischer Sicht wünschenswert, dass der anatomisch exakte Begriff „Stimmlippe" anstelle des Begriffes „Stimmband" auch von nicht-medizinischen Fachrichtungen, die sich mit der Stimme beschäftigen, übernommen wird. Dieser feingewebliche Aufbau ermöglicht bei der Stimmenstehung hochfrequente Schwingungen durch eine Wechselwirkung zwischen Ausatem-Luftstrom auf der einen Seite und muskulären Spannungszuständen und elastischen Bedingungen auf der anderen Seite. Die Bewegung des Epithels an der freien Kante der Stimmlippen bezeichnet man als Randkantenschwingung. Sie stellt ein Qualitätsmerkmal für die Entstehung des Stimmschalls dar. Es bestehen Unterschiede zwischen Kindern und Erwachsenen, da sich der schichtweise Aufbau der Stimmlippe erst langsam differenziert und sich die Längenverhältnisse zwischen schwingenden und nicht-schwingenden Anteilen der Stimmlippen in den ersten Lebensjahren verändern. Die Stimmlippenschwingungen können mit modernen Untersuchungsmethoden wie der Stroboskopie und der Echtzeitlaryngsokopie sichtbar gemacht werden. Beide Verfahren stellen zentrale Elemente bei der phoniatrischen Betreuung der Kinder- und Jugendstimme dar. Ihre Ergebnisse müssen aber im Kontext der gesamten Diagnostik von Stimmleistung und Qualität betrachtet werden.

Literaturangaben

[1] Eckel HE, Koebke J, Sittel C, Sprinzl GM, Pototschnig C, Stennert E (1999) Morphology of the human larynx during the first five years of life studied on whole organ serial sections. Ann Otol Rhinol Laryngol 108(3):232-8.

[2] Eckel HE, Sprinzl GM, Sittel C, Koebke J, Damm M, Stennert E (2000) Zur Anatomie von Glottis und Subglottis beim kindlichen Kehlkopf. HNO 48(7):501-7.

[3]   Eysholdt U, Lohscheller J (2007) Diagnostik bei unklarer Hei-
       serkeit – Bildgebung von Stimmlippenschwingungen. Dtsch
       Arztebl 2007; 104(51-52): A-3556 / B-3135 / C-3027

[4]   Fuchs M (2010) Stimmleistung und -qualität sichtbar ma-
       chen: Medizinische Stimmdiagnostik bei Kindern und Er-
       wachsenen. In: Fuchs M (Hrsg.) Wechselwirkungen zwischen
       Erwachsenen- und Kinderstimmen. Logos, Berlin, S. 103-12

[5]   Hirano M, Kurita S, Nakashima T (1983) Growth develop-
       ment and aging of the vocal folds. In: Bless D and Abbs JH
       (Hrsg). Vocal Fold Physiology: Contemporary Research and
       Clinical Issues. San Diego: College Hill Press, S. 22-43

[6]   Sato K, Umeno H, Nakashima T, Nonaka S, Harabuchi Y
       (2011) Histopathologic Investigations of the Unphonated Hu-
       man Child Vocal Fold Mucosa. J Voice. Epub ahead of print

[7]   Schuberth S, Hoppe U, Döllinger M, Lohscheller J, Eysholdt
       U (2002) High-precision measurement of the vocal fold length
       and vibratory amplitudes. Laryngoscope 112(6):1043-9.

Singen als Bewegungskunst: Zur Neurobiologie des stimmlichen Lernens

ECKART ALTENMÜLLER

Einleitung

Menschen sind Stimmkünstler: Als einzige Spezies besitzt Homo sapiens zwei lautliche Kommunikationssysteme, nämlich Sprache und Gesang. Und als einzige Spezies besitzt der Mensch die Fähigkeit zu nahezu unbegrenztem stimmlichen Lernen. Das Lautrepertoire unserer nächsten Verwandten, der Schimpansen, ist dagegen von erschreckender Dürftigkeit und ihre Fähigkeit zu stimmlichem Lernen ist äußerst begrenzt: Kreischende Warnrufe, rhythmische Begrüßungsheuler – die sogenannten „Pant-Hoots"–, Drohbellen, Keuchen, Brummen, Grunzen – damit ist die Stimmvielfalt der Menschenaffen weitgehend charakterisiert.

Die Primadonna im Tierreich, die Nachtigall, verblüfft uns mit einem riesigen Strophenrepertoire, das bis zu 200 Gesänge umfasst. Diese Strophen werden in unterschiedlichen Kombinationen gesungen, so dass niemals genau der gleiche Gesang erklingt. Aber auch daran gemessen ist die Vielfalt der menschlichen Lautäußerungen doch um Vieles größer. Allerdings sind die Singvögel in einem Aspekt uns Menschen ähnlich: Ihr Gesang wird in der Jugend erlernt. Während einer sensiblen Periode kurz nach dem Schlüpfen dient das Vorbild des väterlichen Gesanges als Muster. Werden junge Singvögel in Gefangenschaft und Isolation aufgezogen, können sie instinktiv den Gesang der eigenen Art aus einer angebotenen Auswahl unterschiedlicher Vogelstimmen erkennen und als Vorlage für den eigenen Gesang benutzen. Fehlt diese Vorlage, lernt der Vogel einen „falschen" Gesang, der später auch nicht mehr korrigiert werden kann. Vögel haben also wie die Menschen die angeborene Fähigkeit, während einer Prägungsphase den Gesang der eigenen Art zu erkennen und zu erlernen.

Die wahren Virtuosen des vokalen Lernens im Tierreich sind aber nicht die Singvögel, sondern Krähenvögel, Papageien und Kakadus.

Sie sind berühmt für ihre Fähigkeit zur stimmlichen Nachahmung, und diese Eigenschaft besitzen sie wohl lebenslang und nicht nur während der Jugendzeit. Interessanterweise sind Kakadus die einzigen Tiere, die sich präzise zu einem extern vorgegebenen Rhythmus bewegen können und ihre Bewegungen auch Temposchwankungen anpassen können. Weltberühmt wurde der tanzende Kakadu „Snowball" (es existieren unter diesem Namen zahlreiche Videos in Youtube), der spontan zur Musik von den „Back-Street-Boys", von „Abba" und anderen Pop-Gruppen im Takt tanzt, nachweislich ohne Dressur. Aniruddh Patel [7] hat als Erster diese Fähigkeit zur sensomotorischen Synchronisation mit äußeren Taktgebern in Beziehung zum vokalen Lernen gesetzt: Nur Menschen und Kakadus können dies. Patel folgert, dass stimmliches Lernen im allgemeinen und Singen und Spracherwerb im Besondern durch Imitations-Lernen, rhythmische Mustererkennung und sensomotorischer Nachahmung ermöglicht wird. Voraussetzung dafür sind neurophysiologische Mechanismen, die rhythmische Diskrimination, Bewegungssynchronisation und vor allem voraus planende Bewegungskontrolle des Vokaltraktes ermöglichen.

Im Folgenden sollen die neurobiologischen Mechanismen des stimmlichen Lernens umrissen werden. Zunächst werden die hirnphysiologischen Grundlagen des Singens dargestellt, dann die Vorgänge beim motorischen Lernen allgemein und anschließend die Vorgänge der auditiv-sensomotorischen Integration bei professionellen Sängern. Zum Schluss sollen in einem kurzen Abschnitt die Konsequenzen für die Musikpädagogik angedeutet werden.

Zur Neuroanatomie stimmlicher Lautäußerungen beim Menschen

Stimmliche Lautäußerungen sind hoch differenzierte, feinmotorische Leistungen, die ausgedehnte neuronale Netzwerke benötigen, damit die zeitlich räumlich optimierte Kontrolle von über hundert Muskeln möglich wird. Bevor wir zu den im Gehirn stattfindenden neuronalen Anpassungen beim stimmlichen Lernen kommen, sollen kurz die neuroanatomischen Grundlagen des Singens rekapituliert werden, ohne, dass wir an dieser Stelle näher auf die Stimmphysiologie eingehen können. Diesbezüglich verweisen wir auf die erhältlichen Standardwerke [1]. Ein älterer, aber immer noch aktueller Überblick über die Neuroanatomie der stimmlichen Lautäußerung findet sich auch bei Jürgens [3]. Entsprechend der großen Zahl der am Gesang beteiligten Muskelgruppen liegen die diese Muskeln innervierenden Nervenzellen weit verstreut im Zentralnervensystem. Die motorischen Neurone (Motoneurone) der inneren Kehlkopfmuskeln liegen im Bereich des Hirnstammes in einer dünnen langgestreckten Zellsäule im seitlich verlängerten Mark. Die Motoneurone der äußeren Kehlkopfmuskeln liegen im oberen Halsmark. Die an der Atmung beteiligten Motoneurone liegen im Bereich des gesamten Rückenmarks. Die Motoneurone der artikulatorischen Muskeln sind auf fünf verschiedene Nervenzellgebiete verteilt. Die Lippenmuskeln werden vom Fazialiskern innerviert, die Kiefermuskeln vom Trigeminuskern, die Zungenmuskeln vom Hypoglossuskern, die Rachenmuskeln und Gaumenmuskeln von zwei weiteren Nervenzellgebieten.

Für die präzise Ausführung einer Lautstruktur beim Gesang ist es nötig, dass diese weit verteilten neuronalen Netzwerke in ihrer Aktivität koordiniert werden. Dies geschieht durch übergeordnete Zentren in der sogenannten Formatio reticularis des verlängerten Rückenmarks und im periaquädukten Grau des Mittelhirns. Das Zentrum in der Formatio reticularis scheint dabei mehr die Koordination der Lautäußerung zu regeln, während das periaquädukte Grau eher die Initiierung von stimmlichen Lautäußerungen übernimmt. Eine Schädigung des periaquädukten Graus führt nämlich bei verschiedenen Primaten und beim Menschen zur Stummheit. Eine weitere wichtige Struktur, die dem Antrieb zum Gebrauch der Stimme dient, ist eine Region im vorderen Gyrus cinguli (Gürtelwindung) des Großhirns. Bei Schlaganfällen in dieser Region sind die Menschen noch in der Lage, korrekt zu singen und zu sprechen, tun dies aber nicht mehr aus eigenem Antrieb und äußern sich überhaupt nur sehr knapp. Interessant ist, dass diese Region zum limbischen Gebiet des Großhirns gehört, das heißt zu den Hirnarealen, die an der Verarbeitung und Produktion von Emotionen ganz entscheidend beteiligt sind.

Ein weiteres, noch höher in der Hierarchie angesiedeltes, übergeordnetes Zentrum ist der motorische Kortex im Bereich der Zentralrinde. Er steuert die in der Formatio reticularis des Hirnstamms gelege-

nen Koordinationszentren an. Seine elektrische Reizung führt, je nach
Reizort und nach Reizstärke, zu Bewegungen der Lippen, des Unter-
kiefers, der Zunge oder der Stimmlippen. Ausgedehnte Schlaganfälle
in diesem Bereich führen beim Menschen zu einer Einbusse, aber in
der Regel nicht zu einem vollständigen Verlust der Willkürkontrol-
le des Sprech- und Singapparates. Meist entsteht das Krankheitsbild
der Dysarthrie mit einer undeutlichen Artikulation bei oft noch gut
erhaltener Fähigkeit, eine Melodie zu gestalten.

Zu den neurobiologischen Mechanismen des stimmlichen Lernens

Grundsätzlich sind am stimmlichen Lernen, und damit auch am Erlernen von Gesang, ähnliche Zentren beteiligt wie an anderen hoch-
koordinierten feinmotorischen Fertigkeiten. Notwendig dafür sind alle Hirnstrukturen, die der Steuerung und Kontrolle von Bewegungen dienen. Dazu gehören neben der Großhirnrinde vor allem die
Basalganglien und das Kleinhirn. Alle drei Hirnregionen sind durch
Rückkopplungsschleifen zum Teil mehrfach miteinander verbunden.
Motorisches Lernen findet daher nicht an einer bestimmten Stelle
des Zentralnervensystems statt, sondern manifestiert sich immer in
allen beteiligten Funktionssystemen. Für das stimmliche Lernen von
größter Bedeutung ist aber nicht nur die Erstellung motorischer Steu-
erprogramme, sondern auch die Integration des propriozeptiven und
auditiven Feedbacks in die geplanten Bewegungen des Stimmapparates. Dafür bestehen mehrere Regelkreise, die z.B. rasche Anpassungen an Tonhöhenveränderung im Chorgesang ermöglichen [2]. Die
Regelkreise von Wahrnehmung zur motorischen Planung sind auch
extrem wichtig für rasche Anpassungen des Stimmklangs und der
Stimmhöhe, z.B. beim Chorgesang.

Seit Entwicklung der funktionellen bildgebenden Verfahren konnten
durch Darstellung der Hirnaktivität bei Gesunden Aufschlüsse über
die hirnphysiologischen Grundlagen des Erwerbs feinmotorischer Fertigkeiten gewonnen werden. Leider sind die meisten diesbezüglichen
Befunde jedoch nicht beim Erlernen des Singens sondern von Handbe-
wegungen erhoben worden. Man kann jedoch davon ausgehen, dass
grundsätzlich die gleichen Grosshirnregionen auch am stimmlichen

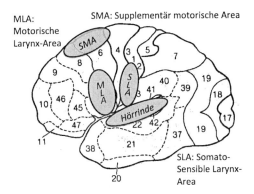

Abbildung 1: Aufsicht auf die linke Hirnhälfte mit Supplementär-
motorischer (SMA) sowie Motorischer Hirnregion (MA)
der Larynx- und Artikulationsfunktion und somatosen-
sibler Larynx- und Artikulationsregion (SA). Darüber-
hinaus ist der Schläfenlappen mit den Hörarealen abgebildet.

Lernen beteiligt sind. So hatte schon vor 25 Jahren Peer Roland [3] an
gesunden Versuchspersonen nachgewiesen, dass mit der zunehmenden
Komplexität von zuvor gelernten Fingerbewegungen die Aktivierung
in der „supplementär motorischen Area" (SMA) des Stirnhirns an-
stieg (siehe Abbildung 1). Diese Region ist auch bei nicht geübten
Sängern aktiviert, die einen Ton halten müssen [10].

Die kurzfristigen und langfristigen Veränderungen der Hirnaktivierung beim Erlernen schneller Fingerbewegungssequenzen waren das
Thema einer wichtigen Untersuchung von Karni und Kollegen [4].
Mit der funktionellen Kernspintomographie konnten sie beim Erlernen von schnellen Fingerbewegungssequenzen Änderungen der neuronalen Aktivität im Bereich der primären motorischen Areale nachweisen. Dabei traten unterschiedliche Effekte auf, je nachdem, ob
sie die Hirnaktivitäten vor und nach einer einmaligen Übungssitzung
von wenigen Minuten Dauer oder nach längerem Üben über mehrere Wochen verglichen. Wurde eine komplizierte Wechselbewegung der
Finger mehrfach hintereinander ausgeführt, fand sich bereits während

einer einzigen Übungssitzung von nur 30 Minuten Dauer eine Ausdehnung der aktivierten Areale in der Handregion der primären motorischen Hirnrinde. Auch die SMA, das Kleinhirn und die Basalganglien zeigten eine Vergrösserung der aktiven Bereiche. Auch dieses Muster lies sich bei einfachen sängerischen Aufgaben nachweisen [5, 10].

Die Ausdehnung des aktivierten Bezirks blieb allerdings ohne weiteres Üben nur etwa eine Woche bestehen, danach war die aktivierte Handregion wieder auf den Ausgangswert „geschrumpft". Wenn aber die Bewegungsfolge über mehrere Wochen täglich geübt und perfektioniert wurde, so zeigte sich eine langfristige stabile Vergrößerung der aktivierten neuronalen Netzwerke der primären motorischen Hirnrinde. Gleichzeitig mit der durch Übung verursachten langfristigen Vergrößerung der neuronalen Netzwerke im Bereich der primären motorischen Rinde verkleinerten sich die beteiligten Nervenzellpopulationen im Bereich des Kleinhirns und in der SMA. Hier handelt es sich um die neuronale Entsprechung der Automatisation, wobei bei professionellen Sängern zusätzlich die Basalganglien aktiviert werden, insbesondere die hinteren Anteile des Putamen und des Pallidum. Diese Zentren sind allgemein bei allen hochkomplexen, aber gut automatisierten motorischen Steuerprogrammen aktiv.

Vieles spricht dafür, dass die kurzfristigen Effekte im primären motorischen Areal auf eine „Umstimmung" der neuronalen Netzwerke zurückzuführen sind. Die Steigerung der neuronalen Erregbarkeit im Bereich der primären motorischen Hirnrindenfelder und die Vergrößerung der an der Bewegung beteiligten neuronalen Ensembles konnte auch beim Erlernen von Musikinstrumenten mit der Methode der Reizung von Nervenzellen durch starke Magnetfelder (Transkranielle Magnetstimulation) eindeutig gezeigt werden (Pascal-Leone). Beide Vorgänge, die Steigerung der Erregbarkeit und die Ausweitung des Nervenzellpools, fördern die Verknüpfung der Synapsen und unterstützen somit den Lernprozess.

Alle oben erwähnten Studien untersuchten die Hirnaktivität bei motorischen Aufgaben, die bewusstes, explizites motorisches Lernen in einer kontrollierten Versuchsanordnung mit Feedback über den Bewegungserfolg zum Inhalt hatten. Lenkt man die Aufmerksamkeit der Versuchspersonen während motorischer Aufgaben ab, etwa dadurch, dass sie sich im Chor auf den Dirigenten konzentrieren, dann ist dies eine andere Aufgabe. Dieses unbewusste, prozedurale motorische Lernen führt weniger zu einer Aktivierung in der motorischen Hirnrinde und der SMA, sondern vorwiegend zu einer Aktivierung im Bereich der oben bereits aufgeführten Basalganglien. Auch das Kleinhirn ist dann stärker an motorischen Lernprozessen beteiligt, denn es spielt für die richtige Auswahl, die richtige Reihenfolge und für das richtige „Timing" von Bewegungen eine wesentliche Rolle. Hirnaktivierungsstudien weisen allerdings darauf hin, dass die Beteiligung des Kleinhirns am Lernvorgang wahrscheinlich nur ganz zu Beginn der Lernphase von Bedeutung ist [9].

Zusammenfassend kommt es in der ersten Lernphase feinmotorischer Bewegungen des Stimmapparates zu einer Ausdehnung der beteiligten neuronale Netzwerke in den Programmierstationen der supplementären und prämotorischen Areale. Auch die Bewegungszentren der primär motorischen Rinde dehnen sich aus. Das Einüben ist zusätzlich an die starke Aktivierung des Kleinhirns und der Basalganglien gebunden. Diese erweiterten Netzwerke sind insgesamt auch sehr viel leichter erregbar, wodurch die Vernetzung gefördert wird. Nach wenigen Tagen des Übens schrumpft die Aktivierungsszone in den supplementären und prämotorischen Arealen, und auch das Kleinhirn muss das Timing nicht mehr so aufwändig kontrollieren. Jetzt bleiben der primär motorische Kortex und kleine Regionen in den Basalganglien aktiv. Die Bewegung ist automatisiert und muss nicht mehr weiter programmiert werden, der neuronale Aufwand ist reduziert, und das Gehirn kann sich neuen Programmieraufgaben zuwenden. Die Reduktion der Erregbarkeit und die Verkleinerung der aktivierten Felder geschehen durch aktive Hemmung und Eingrenzung der am Anfang erweiterten neuronalen Verbindungen. Dieser Vorgang verdeutlicht eine wichtiges Gesetz des Bewegungslernens: *Feinmotorik beruht immer auf der aktiven Hemmung von Grobmotorik.*

Unterschiede der neuronalen Aktivierung bei geübten und ungeübten Sängern

Wie bei anderen Musikern ist auch bei geübten Sängern eine Spezialisierung der neuronalen Netzwerke nachweisbar. Dies zeigt sich am eindrucksvollsten im direkten Vergleich zwischen der Hirnaktivierung geübter Sänger und Anfängern. Boris Kleber hat hier im Jahr 2010 eine exzellente Studie vorgestellt, die mit professionellen Sängern der Stuttgarter Oper, Gesangsstudenten der Stuttgarter Musikhochschule und mit Chorsänger-Amateuren durchgeführt wurde [6]. Die Aufgabe bestand darin, im fMRI-Scanner, der „Röhre", sechs Phrasen aus der italienischen Arie „Caro mio ben" zu singen. Die Versuchspersonen hatten drei Wochen vor der Messung die Noten und Hörbeispiele der Arien erhalten, sodass auch die Chorsänger die Abschnitte recht gut singen konnten. Nach Auswertung der Hirnaktivierungs-Daten fanden sich sehr interessante Gemeinsamkeiten und Unterschiede der Hirnaktivität. Bei allen Probanden war der obere Schläfenlappen mit der Hörrinde aktiv. Dies ist nicht verwunderlich, weil sich die Sänger natürlich selbst hörten. Auch die Aktivität des senso-motorischen Kortex im Bereich der Ansteuerung des Vokaltraktes seitlich an der Zentralwindung und die Aktivierung der SMA waren erwartet. Interessant war, dass alle Sänger auch das Kleinhirn und vor allem die rechte hintere und untere Stirnhirnregion aktivierten. Letztere ist die rechtshemisphärische Entsprechung der auf der linken Seite gelegenen Broca-Sprachregion. Die Studenten aktivierten gegenüber den Amateuren allerdings deutlich stärker die somatosensorischen Areale der Larynx- und Artikulationsregion, verfügten also über eine ausgefeilte somatosensorische Repräsentation des Vokaltraktes. Außerdem zeigten sie eine leicht vermehrte Aktivierung in den Basalganglien und im Kleinhirn. Die spricht dafür, dass schon ein höherer Grad der Automatisation erreicht war. Bei den Profi-Sängern war diese Tendenz noch stärker. Sie zeigten mehr Aktivität in den Basalganglien und im Kleinhirn.

Was sagen uns nun diese Unterschiede in Hinblick auf die Gesangspädagogik? Zunächst unterliegt auch das Singen den Gesetzen feinmotorischen Lernens, die besagen, dass anfänglich eine starke Aktivierung der supplementär- und motorischen Grosshirnrinde erfolgt, die nach und nach im Laufe der Ausbildung geringer wird und mit zunehmender Automatisation durch Aktivierungen der Basalganglien und des Zerebellums einhergeht. Damit werden motorische Abläufe unbewusst und das Gehirn hat Ressourcen frei, sich mit anderen Aufgaben während des Singens zu befassen. Darüber hinaus ist aber das Singen nicht mit dem Erlernen von Musikinstrumenten vergleich-

bar, denn nur beim Singen kommt es mit zunehmender Expertise
zu einer immer stärkeren Aktivierung der sensorischen Larynx- und
Artikulationsregion in der Körperfühlrinde. Dies bedeutet, dass in
der Ausbildung neben dem klanglichen Resultat die Aufmerksamkeit
vor allem auf die Wahrnehmung dieser Körperregion gerichtet werden sollte. Wahrscheinlich können so schnellere Resultate erzielt und
Stimmverletzungen vermieden werden.

Literaturangaben

[1]   Faulstich G (2011) Singen lehren – Singen lernen. In: Kraemer
        R D (Hrsg) Forum Musikpädagogik. Band 24. Wissner-Verlag
        Augsburg

[2]   Grell A, Sundberg J, Ternström S, Ptok M, Altenmüller E
        (2009). Rapid pitch correction in choir singers. J Acoust Soc.
        Am 126: 407-413

[3]   Jürgens U (2002) Neural pathways underlying vocal control.
        Neurosci Biobehav Rev 26: 235-258

[4]   Karni A, Meyer G, Jezzard P, Adams MM, Turner R, Un-
        gerleider LG (1995) Functional MRI evidence for adult mo-
        tor cortex plasticity during motor skill learning. Nature 377:
        155-158

[5]   Kleber B, Birbaumer N, Veit R, Trevorrow T, Lotze M (2007)
        Overt and imagined singing of an Italian aria. Neuroimage 36:
        889-900

[6]   Kleber B, Veit R, Birbaumer N, Gruzelier J, Lotze M (2010)
        The Brain of Opera Singers: Experience- Dependent Changes
        in Functional Activation. Cerebral Cortex 20:1144-1152

[7]   Patel AD, Iversen JR, Bregman MR, Schulz I (2009) Studying
        synchronization to a musical beat in nonhuman animals. Ann
        N Y Acad Sci 1169:459-69

[8]   Roland PE, Larsen B, Lassen NA, Skinhoj E (1980) Supple-
        mentary motor area and other cortical areas in the organi-

zation of voluntary movements in man. J Neurophysiol 43: 118-136

[9]   Seidler RD (2004) Multiple motor learning experiences en-
       hance motor adaptability. J Cog Neurosci 16, 65-73

[10]   Zarate JM, Zatorre RJ (2008) Experience-dependent neural
       substrates involved in vocal pitch regulation during singing.
       Neuroimage 40:1871-188

Der Einfluss orofazialer Dysfunktionen auf Artikulation und Phonation

WOLFGANG BIGENZAHN

Ende des 19. Jahrhunderts begann man sich in Europa und Nordamerika wissenschaftlich mit dem Kauorgan, der Zahnreihenokklusion und den orofazialen Funktionsabläufen zu beschäftigen.

1912 sah M.NADOLECZNY erstmals einen funktionellen Zusammenhang zwischen falscher Zungenlage und -bewegung und der Entstehung von Zahn- und Kieferanomalien sowie der gestörten /s/-Lautbildung (6).

E. FRÖSCHELS beschrieb 1914 in seinem Beitrag über die Beziehung der Stomatologie zur Logopädie Abnormitäten der Artikulationsorgane und die jeweils assoziierten Lautbildungsstörungen (4).

In den letzten Jahrzehnten wurden das Orofaziale System/Stomatognathe System immer mehr als funktionelle Einheit erkannt,

Form-, Funktions- und Wechselbeziehungen interdisziplinär analysiert und der Mundraum als Sinnesorgan der Wahrnehmung/Perzeption, des Erkennens/Kognition und Handelns/Praxie beschrieben.

Durch Größen- und Formveränderungen der orofazialen Strukturen werden einerseits die Primärfunktionen (Atmen, Saugen, Beißen, Kauen, Schlucken) und die Sekundärfunktionen (Artikulation, Stimmgebung, mimische Ausdrucksfähigkeit) beeinflusst. Andererseits beeinflussen abweichende Bewegungsmuster der Kaumuskeln, der mimischen Muskeln und der Zunge die Form des Mundraumes sowie die Zahn- und Kieferstellung (Abb.1)

Zu den für die Phoniatrie, Logopädie und Gesangspädagogik wichtigsten orofazialen Dysfunktionen bei Kindern, Jugendlichen und Erwachsenen, die mit Störungen der Artikulation und Phonation einhergehen können, zählen: Zungenpresssen, infantiles Schlucken, Mundatmung, orofaziales Muskelungleichgewicht, abweichende Kieferbewegungen, muskuläre Hemm- und Vermeidungsmechanismen, Kiefergelenkspathologien. Parafunktionale Aktivitäten (z.B. Habits/Lutschgewohnheiten, Dyskinesien) begünstigen bzw. verstärken zusätzlich Funktionsstörungen und morphologische Veränderungen.

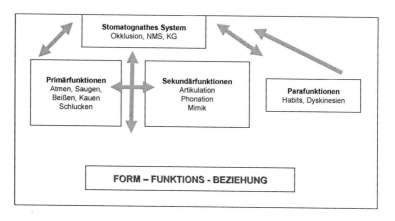

Abbildung 1: Form-, Funktions- und Wechselbeziehungen im orofazialen/stomatognathen System

Klinische Symptome

In der Differentialdiagnose können folgende Symptome bei Kindern einen Hinweis auf das Vorliegen myofunktioneller Störungen in der Orofazialregion geben: Mundatmung, „adenoid face" weiche Lippenstruktur, fehlender Lippenschluß, Zungenprotrusion, interdentale Zungenlage, Hypersalivation (vermehrter Spreichelfluß), periorale Ekzeme, orofaziales Muskelungleichgewicht und Störungen der Lautbildung der II. Artikulationszone:

Zungenspitzenlaute /n/ /d/ /t/ /l/, Frikative /s/ /z/ /x/ /sch/, Affrikate /ts/ /dz/

Ätiologie

Je nach Stand der Diagnostik und Fachdiszilin (HNO/Phoniatrie, Logopädie, Sonder-, Sprachheil- Gesangspädagogik, Zahnheilkunde/Kieferorthopädie, Neuropädiatrie, Kinderpsychologie) können folgende ätiologische Faktoren genannt werden (8):

    1. genetische Einflüsse

    2. falsch erlerntes Schluckmuster

3. unphysiologische Kopf- und Körperhaltung

4. Mundatmung

5. Makroglossie

6. Ankyloglossie

7. Tonsillenhyperplasie

8. Skelettale Anomalien des Kiefers und Gaumens

9. orale Habits

10. nicht altersentsprechende Nahrung

11. Störungen der sensorisch-taktilen Kontrolle

12. Sonstige Krankheitsbilder: z.b. zentrale Bewegungsstörungen, Hirnnervenparesen, Myasthenia gravis, muskuläre Hypotonien, minimale-zerebrale Dysfunktionen, Moebius-Syndrom, Pierre-Robin-Syndrom

Ganzheitliche Diagnostik

Eine umfassende Diagnostik orofazialer Dysfunktionen setzt sich zusammen aus der Erhebung des phoniatrisch-logopädischen Befundes, des myofunktionellen Status und des zahnärztlich/kieferorthopädischen Befundes.

Da bei Kindern myofunktionelle, artikulatorische und HNO-spezifische Störungen in enger Verbindung stehen, bedarf es stets einer genauen Ausschlussdiagnostik, bei der die HNO-spezifischen Einflüsse analysiert werden, z.B. die Beurteilung der Größe der Adenoide und Tonsillen mit Auswirkung auf Atmung und Zungenlage; die Beurteilung des Kauorgans (Okklusion/Zahn- und Kieferanomalien, Neuromuskuläres System, Kiefergelenk), die Überprüfung der Kaufunktion, Lautbildung/Artikulation vor allem der bilabialen und labiodentalen Laute der II. Artikulationszone, der Stimmbildung/Phonation, Ganzkörperhaltung und Stressbewältigung; äußere Einflüsse aus Familie, Beruf, Umwelt werden im diagnostischen Prozeß berücksichtigt ebenso innerpsychische Faktoren einschließlich Strategien des Stressmanagements.

Zu den Funktionsprüfungen zählen die Prüfung der orofazialen Muskeln (M. orbicularis oris, M. mentalis, M. masseter), der mimischen Muskeln sowie der Zungen- und Gaumensegelmotitlität (äußerer und innerer Funktionskreis) sowie der cervikalen Muskulatur. Darüber hinaus sollte auch eine Prüfung der oralen Sensibiltät und Wahrnehmung (orale Stereognose) erfolgen; in einzelnen Fällen erscheint es sinnvoll instrumentell die Tonsillengröße mit Einfluß auf die Zungenlage sonographisch darzustellen, die elektronische Axiographie zur Beurteilung abweichender Kiefergelenksbewegungen sowie die magnetische Artikulographie, Ton- und Fotodokumentationen durchzuführen (1,3,7).

Therapie

Störungen der Artikulation und Phonation sind oft Leitsymptom für orofaziale Dysfunktionen. Der Früherkennung und Frühförderung kommt im Vorschulalter eine besondere Bedeutung zu. Gezielte fachspezifische therapeutische Maßnahmen sollten nur nach genauer Anamnese und Befunderhebung eingeleitet werden.

Voraussetzung für die Durchführung myofunktioneller Therapien im Kindesalter ist die Beseitigung HNO-spezifischer Probleme, wie z.B. Adenotomie, Tonsillotomie/-ektomie, Frenulotomie, Parazentese.

Die Erstellung eines individuellen Therapieplanes muss in Abhängigkeit vom Alter sowie von der körperlichen und geistigen Entwicklung des Kindes erfolgen.

Das klassische Konzept der myofunktionellen Therapie (MFT) nach D. Garliner gilt in Europa als Wegbereiter, es hat sowohl in die Phoniatrie und Logopädie als auch in die Zahnheilkunde und Kieferorthopädie aber auch in Sprachheil- und Gesangspädagogik Eingang gefunden. Als verhaltenstherapeutisch orientierte Methode will die MFT Fehlhaltungen und -funktionen der orofazialen Muskulatur beseitigen (5).

Modifizierte neurophysiologisch orientierte, der psychosozialen Entwicklung angepasste Therapiekonzepte einschließlich Habit-Abbau und Anleitung zur Mundhygiene finden sich in „Orofaziale Dysfunktionen im Kindesalter (7)".

Die therapeutischen Konzepte zur Behandlung orofazialer Dysfunktionen wie z.b. orofacial pain/atypischer Gesichtsschmerz, muskuläre Hemmmechanismen mit enger Artikulation, Myoathropathie reichen von Ruhigstellung mittels Aufbissschiene, medikamentöser Schmerztherapie, physiotherapeutische, logopädische und stimmtherapeutische Maßnahmen bis zu zahnmedizinischen, kieferorthopädischen und -chirurgischen Behandlungen.

Zusammenfassung

Im Vorschul-/Schulalter sind häufig myofunktionelle, artikulatorische und HNO-spezifische Probleme vergesellschaftet. Ihre Differentuialdiagnose ist ein spezielles phoniatrisches Aufgabengebiet.

Erst nach Erhebung einer genauen Anamnese, eines phoniatrisch-logopädischen, zahnärztlichen und myofunktionellen Befundes sollten altersentsprechend therapeutische Maßnahmen gesetzt werden.

Die Ergebnisse unserer MFT-Studien zeigen, dass myofunktionelle Therapiekonzepte mit Erfolg zur Behandlung von Artikulationsstörunegn (II.Artikulationszone) auf der Basis orofazialer Dysfunktionen eingesetzte werden können (2).

Bei Kindern schafft die Beseitigung HNO-spezifischer Probleme (u.a. Adenotomie, Tonsillotomie/-ektomie, Frenulotomie) in vielen Fällen erst günstige Voraussetzungen für die Durchführung myofunktioneller und/oder logopädischer Therapien.

Bei Erwachsenen wird im Sinne eines Stufen-Therapiekonzeptes zunächst eine Ruhigstellung mittels Aufbissschiene angestrebt, bei Bedarf mit zusätzlicher Schmerzmedikation; physiotherapeutische, logopädische und stimmtherapeutische bis hin zu kieferothopädisch-prothetischen sowie kieferchirurgischen Maßnahmen werden ergänzend eingesetzt.

Literaturangaben

[1] Bigenzahn W, Piehslinger E, Slavicek R (1991) Computerized Axiography for Functional Diagnosis of Orofacial Dysfunctions. Folia Phoniatrica, 43, 275-281

[2] Bigenzahn W, Fischman L, Mayrhofer-Krammel U (1992) Myofunctional Therapy in Patients with Orofacial Dysfunctions Affecting Speech. Folia Phoniatrica, 44, 238-244

[3] Bigenzahn, W, Piehslinger, E, Fischman, L. (1992) Diagnostik und Therapie sprachlich relevaneter Orofacialer Dysfunktionen. Ergebnisse einer MFT-Studie. In: Kongreßberichte (Hrsg. Freiesleben, D., Helms, P.): Myofunktionelle Therapie bei orofacialen Dyskinesien, Peter Lang, Europäischer Verlag der Wissenschaften

[4] Fröschels, E (1914) Über die Beziehung der Stomatologie zur Logopädie. In: Zeitschrift für Stomatologie 12, 241-262

[5] Garliner, D (1974) Myofunctional Therapy in Dental Practice. Brooklyn, Bartel Dental Co

[6] Nadoleczny, M (1912) Die Sprach- und Stimmstörungen im Kindesalter. In: Handbuch der Kinderheilkunde 8. Leipzig

Literaturempfehlungen

• Bigenzahn, W (2003) Orofaziale Dysfunktionen im Kindesalter. Grundlagen, Klinik, Ätiologie, Diagnostik und Therapie. Unter Mitarbeit von Fischman, L., Hahn, E., Hammerle, E., Krüger, M., Lleras, B., Neumann, S., Piehslinger, E., Tränkmann, J. In: Forum Logopädie (Hrsg. Springer, L., Schrey-Dern, D.), Thieme

• Friedrich, G , Bigenzahn, W , Zorowka, P (2005) Phoniatrie und Pädaudiologie. Einführung in die medizinischen, psychologischen und linguistischen Grundlagen von Stimme, Sprache und Gehör. Verlag Hans Huber, 3. Auflage, 153-168

Entwicklungspsychologie des Körpergefühls

Michael Kroll

Kinder denken meist nicht ohne Anregung über ihren Körper nach, erleben ihren Körper meist unbewusst. Das gilt auch für die Herausforderung, die permanenten Änderungen am Körper als *normal* zu empfinden, sie in das *Kontinuum Ich* zu integrieren. Das Spezifische am kindlichen (Körper-)Erleben, die kindlichen Bedürfnisse, die kindlichen Perspektiven werden oft verkannt, wenn Erwachsene als *Projektion* eigenen Denkens davon ausgehen, dass Kinder wie Mini-Erwachsene wahrnehmen und verarbeiten. Die erwachsenentypische Gehirnanatomie, einhergehend mit den neuronalen Verarbeitungsmustern, liegt jedoch erst nach dem 20. Lebensjahr vor. Der folgende Text möchte in diesem Sinne zur Einlassung auf die kindliche und jugendliche Erlebniswelt einladen. Die ganzheitliche kindliche (Körper-) Wahrnehmung und die intuitive angeborene *Selbstachtsamkeit* durch ungestörte Autoregulationsfunktionen können den Erwachsenen als Vorbild dienen.

Ebenso beeindruckt auch die kindliche Leichtigkeit und Offenheit bei der Betrachtung des eigenen Spiegelbildes. Aus dem Bild des eigenen Körpers im Spiegel in Verbindung mit der Bewertung dieses Eindrucks entsteht ein aktuelles *Körperbild*. Maßgeblich für die Gewichtung und damit die Bedeutung des Körperbildes für die Gesamtpersönlichkeit sind der Kulturraum [4], der Beruf, die Lebensphase und die Bedeutung des Körpers im Kreise der Bezugspersonen, des Partners, der Familie, des Freundes- und Bekanntenkreises (Peer-Gruppe). Die Leiblichkeit als Einheit aus Körper- und Seelenerleben ist ein zentraler Bestandteil der Persönlichkeit eines Menschen. Der philosophisch lang diskutierte kartesische Leib-Seele/Geist-Dualismus gilt als überholt. Auftreten, Gesten, Gebärden, Haltung, Gang, Stimme und Gesichtsausdruck repräsentieren die Person und bewirken Reaktionen der Umwelt, die das Körperbild beeinflussen.

Davon abzugrenzen ist das *Körperschema* als der im Gehirn gespeicherte stets aktualisierte Bauplan unseres Körpers. Das Körperschema entwickelt sich auch schon beim Fötus im Mutterbauch, wo viele bereits am Daumen nuckeln. Dies wird durch das sich entwickelnde

neuronale Muster des Körperschemas geübt, als Übung für das Saugen und auch als Entspannungsmöglichkeit. Aus den am Körperschema beteiligten Gehirnarealen werden permanent Informationen über
den Körper gesendet, meist unbewusste Hintergrundinformationen,
so dass auch komplexe Abläufe wie Treppensteigen kaum Konzentration erfordern, wie automatisiert ablaufen. Das Körperbild ist also die
subjektive Auslegung des Körperschemas. Bei schwerer *Magersucht*
(Anorexia nervosa) ist das Körperbild häufig wie psychotisch ver-
zerrt, erkennbar wenn Betroffene ihren Körper als Bild in Therapien
aufmalen. Auch für die gesunde Psyche gilt, dass sich die Körperwahrnehmung nicht nur bei morphologischem Wandel zeitlebens ändert,
sondern ebenso in Abhängigkeit von der psychosozialen Situation und
der aktuellen Stimmungslage.

Je jünger Kinder sind, desto ganzheitlicher nehmen sie wahr. Die
entwicklungs-psychologische Forschung hat gezeigt, dass die motorischen, emotionalen und sozialen Entwicklungen in der frühen Kindheit nicht in getrennten Bahnen verlaufen, sondern eng verknüpft
sind. Die frühen sozialen Interaktionen schlagen sich als Verhalten-
sentwürfe im *Körpergedächtnis* nieder. Dieses Gedächtnis setzt sich
aus dem Körperschema, erinnerten Körperbildern und vielen anderen
erinnerten *Körperwahrnehmungen* zusammen. *„Das implizite Bezie-*
hungswissen ist ein leibliches Wissen, wie man mit anderen umgeht
– wie man mit ihnen Vergnügen hat, Freude ausdrückt, Aufmerksam-
keit erregt, Ablehnung vermeidet" [19]. *„Die frühe Zwischenleiblich-*
keit hat weitreichende Folgen. Auch einschränkende und schmerzhafte
oder gar traumatische Erlebnisse schreiben sich dem Körpergedächt-
nis ein und können so auch zu späteren psychosomatischen Leiden
führen." Das *Körpergedächtnis „stellt die eigentliche Basis unseres*
Selbstseins dar und damit auch unseres expliziten, autobiografischen
Gedächtnisses" [5]. Erinnerungen vor dem 3. Lebensjahr sind häufig
nicht verbalisierbar, doch eventuell sogar einflussreicher als bewusst
Erinnertes. Warum uns jemand direkt beim ersten visuellen Eindruck sympathisch ist oder nicht, können wir oft nicht begründen.
Die Körpersprache und die Entschlüsselung körperlicher Botschaften
sind hier maßgeblich [11].

Der Körper des Kindes im Körper der Gesellschaft

Der kindliche Körper wächst nicht nur in dem seiner Mutter heran, sondern auch im gesellschaftlich-kulturellen Raum; das Kind erlebt sich als Teil dieses Gesamtkörpers. Körpererleben ist immer raumabhängig, wie der schwerelose Weltraum zeigt, in dem nach einiger Aufenthaltsdauer sogar die Knochensubstanz abnimmt. Beim Erlernen der Körperlichkeit und Körpersprache orientieren sich Kinder maßgeblich am Modell ihrer Familien und am erweiterten Kreis der Bezugspersonen, im Sinne des afrikanischen Sprichwortes, dass es ein Dorf braucht, um ein Kind groß zu ziehen. Die allgemeine gesellschaftliche Würdigung von Kindheit und Elternschaft sowie der Grad der Kinderfreundlichkeit einer Gesellschaft wirken sich auf jede Familie und jedes Kind aus.[1] Körper lernen über entsprechende Möglichkeiten, Herausforderungen, Anregungen und passen sich nicht nur im Sportunterricht und auf Spielplätzen den Herausforderungen an. Zu den basalen körperlichen Existenzbedürfnissen gehören eine ausreichend gute Ernährung, Hygiene, medizinische Versorgung, Wärme und Bewegungsmöglichkeiten. Das soziale Anschlussmotiv ist überlebenswichtig und intuitiv in Neugeborenen angelegt, die körperliche Nähe als emotional versorgende Quelle zu suchen.[2]

Kindheit und Jugend im digitalen Zeitalter entwickelt sich unter dem Eindruck rascher und grundlegender gesellschaftlicher Änderungen, Geschlechterrollen genauso betreffend wie globale Hegemonialstrukturen. Individualisierung, Leistungsorientierung, Globalisierung und die soziale Verunsicherung wirken sich auch auf die Körperlichkeit aus. Da mag der eigene autonome Körper wie eine stabile Bastion, ein Rückzugsraum der Person, wirken.[3] Andererseits fühlen sich immer mehr Arbeitnehmer gefordert, körperliche Grenzen zu missachten. So wurde untersucht, dass das gestiegene Bemühen der Männer

---

[1] Viel zitierte Aspekte sind Kinderarmut und von der OECD kritisierte zu geringe soziale Durchlässigkeit in Deutschland, Mutterschutz, Kindergeld, Kinderbetreuungsqualität, demokratische Diskriminierung durch fehlendes Wahlrecht für Minderjährige (bei Kinder auch über ein gewichtetes Stimmrecht der Eltern) etc.

[2] Bindungsforschung: s. Spitz, Bowlby, Harlow u.a.

[3] Eine Ausdrucksform dieser Einengung ist die Orthorexie als aufwändige Fixierung auf einen optimal gesunden Lebensstil, vor allem die gesündeste Kost, teilweise von einem zwanghaften Missionierungseifer begleitet.

um ein ansehnliches Äußeres vor allem durch die damit angestrebten verbesserten beruflichen Chancen motiviert sei. Wegen großer Verunsicherung bis hin zu *Statuspanik* konzentrieren sich Eltern teilweise sehr auf die optimale Förderung ihrer *(Projekt-)Kinder*, so dass der Eindruck von *Treibhauserziehung* entsteht. Dazu kann auch gehören, dass weniger auf die Körpersignale und die individuelle Entwicklungsgeschwindigkeit des Kindes als auf die Ängste der Erwachsenen vor einem sozialen Abstieg geachtet wird [11].

Ebenfalls meist Ausdruck von Überforderung ist die immer noch weit verbreitete *häusliche Gewalt* gegen Kinder. Obwohl sie seit dem Jahr 2000 endlich ein Recht auf eine gewaltfreie Erziehung haben (§1631 BGB), erfahren sie in 25-50 Prozent körperliche Gewalt, meist durch die Eltern, in circa vier Prozent sogar durch Schlagen mit Gegenständen [8]. Gewalt (Misshandlung und Missbrauch) und Vernachlässigung haben stets körperliche Folgen [12]. Häufig wird verkannt, dass Vernachlässigung in unterschiedlicher Ausprägung noch wesentlich häufiger als Misshandlungen vorkommen. Gewalt gegen Kinder ist auch international weit verbreitet und teilweise religiös motiviert [3]. Religiöse Einflüsse prägen die Körperlichkeit unter anderem auch über die Geschlechterrollen [11], damit einhergehend die Haltung zur Sexualität und die Frage, ob das Individuum oder die Gruppe im Zentrum stehen. Außerdem werden Kinder in vielen Ländern als Soldaten oder zur Prostitution misshandelt und missbraucht. In wenigstens 20 afrikanischen und arabischen Ländern kommt es weiterhin zur Genitalverstümmelung von Mädchen.

Allgemein gilt, dass die Kindheit als kultureller Schutzraum, in dem sich der Körper unbedarft entwickeln kann, kürzer wird. Die bessere Ernährung und Medizin haben den hormonellen Umschwung, der die Pubertät einleitet, vorverlegt. Die Jugendphase beginnt aber nicht nur früher, sie reicht auch bis weit über die Volljährigkeit hinaus, u.a. weil die finanzielle Ablösung vom Elternhaus, die Verselbständigung der *Generation Praktikum* immer schwieriger wird. Diese Gemengelage aus Druck, unsicherer Perspektive und Ängsten wird als Hauptgrund für das weit verbreitete *Rauschtrinken* der Jugendlichen angesehen (Binge-Drinking bis hin zum Koma). „Etwa eine Million 12- bis 17-Jährige trinken sich in Deutschland einmal monatlich in einen Alkoholrausch" [2]. Alkohol schädigt alle Organsysteme, nicht erst wenn exzessiv getrunken wird. Wissenschaftlich wurden effektive

Präventionsmöglichkeiten wie eine Verteuerung des Alkohols nachgewiesen, mit der Jugendliche besser geschützt werden könnten.

Der Körper als Einheit mit dem Ganzen

Auch bei der Beratung von Schwangeren muss unbedingt ein kompletter Verzicht auf Alkohol während der gesamten Schwangerschaft angestrebt werden[4]. Lange Zeit ging die Wissenschaft davon aus, dass das Kind als *unbeschriebenes Blatt* zur Welt kommt. Man folgerte, dass Neugeborene auch keinen Schmerz wahrnehmen können; deshalb erfolgte bei Operationen in diesem Alter nicht immer eine adäquate Medikation. Die genetische Veranlagung und Einflüsse im Mutterbauch prägen die weitere Entwicklung jedoch entscheidend. *Das Körpererleben beginnt in der Zweieinigkeit im Mutterbauch, der ersten Körperhülle, als „ursprünglichste Form sozialer Interaktion"* [10] und wird hier maßgeblich geprägt. Durch ihre zuverlässige Anwesenheit, die Ernährung und das Wiegen bei Bewegungen der Mutter werden viele Bedürfnisse des Kindes nach Wärme und Schutz befriedigt [1]. Das Kind spürt die mütterlichen Bewegungen, nimmt zunehmend besser auch Geräusche wie den Puls, den Blutstrom, Stimmen und Töne wahr. Der Fötus lernt seinen Körper über Bewegungen kennen und trainiert bei seinen bis zu 25 Positionsänderungen pro Stunde in der ersten Schwangerschaftshälfte in der „ersten Turnhalle seines Lebens" [20] an seiner Motorik und Koordination. Das Befinden der Schwangeren überträgt sich undifferenziert auch auf dem Blutweg, zum Beispiel über das Stresshormon Cortisol auf das Kind. Diese Einflüsse wirken sich auf die Entwicklung des Grund-Vertrauens aus [17].

Heute weiß man, wie wichtig ein ähnlich schützendes Milieu wie in der Gebärmutter vor allem auch für Frühgeborene ist; deshalb packt man sie entsprechend in Nestchen im Brutkasten und bemüht sich auch im Rahmen des *Kangarooing* um möglichst viel körperliche Nähe zu den Eltern. Auf der Geburtsstation ist das Baby in der Regel tags und je nach Wunsch auch nachts im Zimmer der Mutter (*Rooming in*). *Pucken* als alte Form der Tuch-Wickeltechnik für Neugebore-

---

[4]wegen der drohenden Alkoholembryopathie. Auch Nikotinkonsum in dieser Phase begünstigt viele spätere Erkrankungen wie ADHS.

ne und Säuglinge wird wieder häufiger angewandt, wenn Säuglinge
aufgrund von Zuckungen und unkontrollierten Bewegungen Schlaf-
probleme haben. Viele Babys empfinden das als Form der Geborgenheit und kommen damit besser zur Ruhe.

Die Geburt ist statistisch gesehen eine der gefährlichsten Lebenspha-
sen. Zwischenzeitlich gingen Fachkreise davon aus, dass die Geburt im
Allgemeinen für das Kind traumatisch sei. Heute ist man davon beeindruckt, wie lebensfroh die meisten Neugeborenen nach diesem anstrengenden Vorgang wirken. Die natürlichen Abläufe haben sich evo-
lutionsbiologisch bewährt, wie der Impuls und die Kriechbemühungen
des frisch geborenen Babys zur nährenden Brust und die angeborene Intuition zur sozialen Interaktivität [17]. Der Babymund als das
Tor zur Welt ist dreimal so empfindlich wie der eines Erwachsenen.
Immer neue Erkenntnisse verdeutlichen den Wert des Stillens als gemeinsame symbiotische Erfahrung und wegen des Nährstoffgehaltes.[5]

Auch die anschließende Anpassung ist sehr empfindlich. Werden
Mutter und Kind nach der Geburt getrennt, so ist diese Urform der
körperlichen Nähe schwer zu ersetzen.[6] Noch in den 70-er Jahren
war es üblich, dass Mütter auch bei einer normalen Geburt zwei
Wochen in der Klinik blieben und ihr Baby fast nur zum Nähren
sahen. Nach Kaiserschnitten ist die Gewöhnung von Mutter und
Kind aneinander nach der Geburt zunächst erschwert.[7] Diese Phase
grundlegender Körpererfahrungen kann auch von *Baby Blues* oder gar
einer manifesten Depression der Mutter, sowie durch eine *Regulati-
onsstörung* des Kindes erschwert sein (übermäßiges Schreien, Schlaf-
oder Fütterstörung oder die Aufmerksamkeitsfokussierung betreffend). Wird das nicht kompensiert, drohen eine Unterversorgung des
Säuglings und die Entwicklung einer sich negativ verstärkenden Ge-
genseitigkeit zwischen Mutter und Kind. In den letzten Jahrzehnten
wurde intensiv versucht, die alterstypischen Anzeichen und Symptome bis hin zur Säuglingsdepression besser zu verstehen. Auffällige

---

[5]Andererseits beklagen Mütter teilweise den Druck, der durch den Kultstatus,
mit dem das Stillen oft zelebriert wird, entsteht.

[6]Die Japaner wenden bei Bedarf die kulturspezifische Amae-Therapie an, wobei entsprechend deprivierte Kinder durch andere Frauen körperliche Nähe erfahren, mit dem Ziel der emotionalen Nachreifung.

[7]Sogenannte Wunschkaiserschnitte ohne medizinische Indikation basieren teilweise auf einseitiger Aufklärung und vernachlässigen die dadurch für Folgeschwan-
gerschaften entstehenden Gefahren.

motorische Ruhe bei einem Baby ist nicht immer Ausdruck von Zufriedenheit, sondern kann auch Ausdruck von Apathie, fehlender Anregung oder sogar von Traumatisierung sein.[8]

Das Erleben des Säuglings in seiner symbiotischen Beziehung zur Mutter ist von Geburt an ganzheitlich im „Hier und Jetzt". Der Säugling kann anfangs nicht abstrahieren, dass seine Mutter zwar nicht beim ersten Schrei, dann aber irgendwann kommen wird, sondern erlebt bei Entbehrung eine „unendliche Weite" [19]. Reagiert die Mutter nicht, so denkt das Kind, ein untrennbarer Teil seiner selbst sei für immer verloren gegangen [1]. Ohne die Mutter fehlt dem Kind ein großer Teil von sich selbst, wie eine klaffende, schmerzende Wunde. Der Säugling „befindet sich in leiblicher Kommunikation mit der Mutter, nimmt alle Atmosphären in sich auf und trägt selbst zu der Gestaltung der Atmosphäre bei." [17, S. 207]

Die bewusste Entdeckung des Körpers

Zwischen dem zweiten und neunten Monat entwickelt das Kind ein Kern-Selbstgefühl, dass es selbst eine abgrenzbare Einheit darstellt und seine Handlungen immer mehr kontrollieren kann [17]. Etwa ab dem 18. Monat beginnen Kinder, sich im Spiegel zu erkennen; sie erleben ihre Eigenständigkeit und überhaupt die Unterscheidung in ICH und Nicht-ICH, oder ICH und meine Welt. Das Ich erlebt sich zunehmend bewusst in seiner Eigenständigkeit, genießt sein Spiegelbild, oft als *Nabel der Welt*. Man geht davon aus, dass das unbewusste Wissen über ein „basales Leib-Selbst, ein Gefühl der Abgegrenztheit" schon beim Neugeborenen vorliegt [17, S. 207].

Im Alter von einem Jahr gewinnt das Kind über immer mehr Teile und Funktionen seines Körpers immer besser die Kontrolle. Dadurch kann es im zweiten Lebensjahr autonomer werden und sich abgrenzen. Maßgeblich ist auch die Entwicklung des „verbalen Selbst", das heißt Empfindungen, Wahrnehmungen und Reflektionen verbalisieren zu können [17]. Diese Ich-Entwicklung erstreckt sich bis zum vierten Lebensjahr auch immer mehr auf Wünsche, Ideen, Absichten, Erwartungen, Überzeugungen und die Fähigkeit, zu erkennen, dass andere

---

[8]Eindrucksvoll im *Stillface*-Experiment dargestellt (you tube-Clip; Tronic (1978)).

eine eigene mentale Innenwelt haben, die von der eigenen unabhängig ist [13]. Das körperliche Pendant der geistigen Entwicklung ist auch hier unmittelbar aneinander gebunden. Im Kindergarten- und Vorschulalter entwickeln Kinder kulturübergreifend ihre Geschlechtsidentität und ihr Rollenverhalten. Das Körpererleben ist auch hier vor allem interaktiv, beim Nachahmen, Toben, Raufen, Kuscheln, in Rollenspielen etc. Die Eltern- und Geschwisterkonstellation, allgemein die Form der sozialen Vernetzung, also welche Interaktionspartner Kinder haben, ist die Basis dafür. Zwischen drei und fünf Jahren „existiert noch kein geschlossenes Körperschema, kein zusammenhängendes Bild vom eigenen Körper." Die Vorstellungen zu den Körperbereichen sind oft noch verworren [17].

Die Reaktion der Eltern auf Erkundung der Kinder prägt die Haltung zum Körper maßgeblich. Die Sexualität, definiert als „die Gesamtheit der geschlechtlichen Lebensäußerungen" [10], ist immer sowohl natürlich als auch genormt. Die kindliche Sexualität wird von kleinauf erlernt und ist insbesondere vom Bedürfnis nach Geborgenheit, Liebe, Zärtlichkeit und Neugierde geprägt. Sexuelle Verhaltensweisen entwickeln sich aus Spielen heraus. Auch sonst lernen Kinder spielerisch, probieren sich immer wieder in unterschiedlichen Kontexten aus. Zwischen sinnlichem und genitalem Erleben gibt es bei Kindern keinen Unterschied. Bereits im ersten Lebensjahr kommt es zunächst zu zufälligen und später auch beabsichtigten Berührungen im Genitalbereich, zu sogenannten Genitalspielen. 50 Prozent der Mütter von unter 6-jährigen Kindern gaben bei einer Befragung Masturbation ihrer Kinder an [10]. Verwirrungen können durch die Einengung Erwachsener entstehen, wenn Sexualität auf Handlungen rund um den Geschlechtsverkehr reduziert wird.

Eine wichtige Aufgabe der Eltern und anderen erwachsenen Bezugspersonen ist, dass das Kind in diesem Alter lernt, sich körperlich zu schützen, nicht nur gegen Unfälle, sondern auch gegen Übergriffe von Erwachsenen, indem es z.B. lernt unliebsame Umarmungen und Küsse abzuwenden.[9]

---

[9]Zum Beispiel „Das große und das kleine Nein" von Braun/Wolters und die Buchserie von Pro Familia z.B. von Geisler „Mein Körper gehört mir" und die Aufklärungsbücher „Wo kommst du her?" für Kinder ab 5 Jahren

Die Pubertät – ein sich neu justierender Kompass in einer sich wandelnden Körperlandschaft

Die Pubertät, abgeleitet von „pubertas" der beginnenden „Geschlechtsreife", ist als Zeit des Umbruchs maßgeblich geprägt vom Wandel des Körpers, des Körperbildes und von der Wirkung auf das andere Geschlecht. Zu Beginn der Pubertät scheint sich der Körper der Kontrolle zu entziehen. Zu den von *Havighurst* betonten pubertären Entwicklungsaufgaben gehören auch die Akzeptanz des sich ändernden Körpers und seine effektive Nutzung in den einzelnen Lebensbereichen sowie der Erwerb der männlichen und weiblichen Rolle [17]. Der Körper sexualisiert sich stark. Das Selbst wird kontext-spezifischer, z. B. gegenüber dem anderen Geschlecht. Das Realbild (wie man ist) und Idealbild (wie man sein möchte) wird mit zunehmendem Alter meist deutlich stärker getrennt. Die Jugendlichen lernen allmählich, sich aus der Sicht anderer zu sehen. Kinder leben gewöhnlich gegenwartsbezogen, während Jugendliche Vergangenheit und Zukunft mit in die Selbstbeschreibung aufnehmen [15].

Die Zufriedenheit mit dem eigenen Körper hängt maßgeblich vom allgemeinen Selbstwertgefühl, damit dem Ausmaß der Irritierbarkeit durch die Haltung anderer, dem familiären Halt und im Verlauf immer mehr von den Rückmeldungen der Peer-Gruppe ab. Entsprechend sind Frühentwickler und Nachzügler in besonderem Maße von Abwertung, Depressivität und entsprechendem auffälligem Verhalten gefährdet. Das Selbstkonzept ist jedoch vor allem in den Extremgruppen der sehr oder gar nicht für die physische Attraktivität Bewunderten von eben dieser Beliebtheit abhängig. Mädchen sind mehr auf diese Form der Selbstdarstellung bedacht und stärker von Schönheitsidealen beeindruckt [12]. Trotz zunehmender entsprechender Achtsamkeit sind es meist weiterhin die Mädchen, die mehr auf ihre Figur achten, aber im Vergleich zu den Jungen eine geringere Möglichkeit sehen, den Körper zu gestalten. Sie treiben auch weniger Sport [4]. Zwei Drittel der 12- bis 15-jährigen Mädchen in Europa und den USA finden sich nicht schön genug. 40 Prozent aller Mädchen zwischen sechs und sechzehn Jahren würden sich gerne Fett absaugen lassen. Jedes zweite Mädchen zwischen 14 und 17 Jahren empfindet sich als zu dick, jedes Dritte zeigt ein gestörtes Essverhalten. Jedes

vierte Mädchen hat schon einmal eine Schönheitsoperation erwogen
[14]. Die Selbstinszenierung ist als Teil der Suche und gleichzeitig
Identität der Jugend zu sehen. Die Jugendzeit ist eine Phase harter
Körperarbeit, was auch im Unwort des Jahres 2010 „Speckbarbie"
anklingt. Die Kleidung hilft bei der aktiven Selbstgestaltung, den
Körper optimiert darzustellen [4]. Styling und Kleidung dienen der
Verlängerung des Körpers [17].

Grob können drei Typen des Körperselbstbildes unterschieden werden: 1. Körper-uninteressierte, 2. Körperaktive und -selbstbewusste,
die mit ihrem Körper sehr zufrieden sind und 3. Körperunintegrier-
te, die ihren Körper als fremd empfinden, den sie kaum kontrollieren können [18]. Zu dieser Gruppe gehört ein beträchtlicher Teil der
Übergewichtigen. Übergewicht und Depressivität, die sich gegenseitig verstärken, treten häufig gemeinsam auf. Die Prognose ist dabei
ungünstig; die Symptomatik bleibt häufig bis ins Erwachsenenalter
bestehen.

Je nach Altersgruppe sind unterschiedliche Körpermerkmale im Zentrum der Selbst- und Fremdbeobachtung [4], zum Beispiel in der
siebten Klasse fasziniert mehr das Längenwachstum, während in
der neunten Klasse Bartwuchs oder Brustgröße vorrangiger thema-
tisiert werden. In dieser Phase, in der die Autonomieentwicklung
und Ablösung mit zu den Entwicklungsaufgaben gehört, die sehr
empfindlichen Jugendlichen möglichst unangreifbar, „cool", sein wollen, benötigen die erwachsenen Bezugspersonen viel Authentizität
und Flexibilität, um als ernstzunehmende Berater und Vorbilder
unterstützen zu können.[10] Das moderne Phänomen, sich als Jugendlicher vor allem über die Abgrenzung von Erwachsenen zu definieren,
verzögert die psychosoziale Reifung.

Das Selbstwertgefühl und die Rolle in der Gruppe hängen maßgeblich
vom Marktwert der allgegenwärtigen ästhetischen Hackordnung ab.
Die Vitalität und die körperlichen Ausdrucksformen der Jugend gelten generationenübergreifend als gesellschaftliches Ideal. Die Körperlichkeit konzentrierte sich lange Zeit auf Überleben, Fortpflanzung,
Beschaffen von Obdach und Nahrung. Heute wird der Körper mehr

---

[10]So empfiehlt die British Medical Association, dass über einen offenen Umgang mit Sexualität Teenager-Schwangerschaften am besten verhütet werden
können.

als „eigenes Produkt, Visitenkarte" [16] angesehen, so dass sich der (partnerschaftliche) *Marktwert als Summe aus physischer Attraktivität plus Status plus Spezialeffekte* errechnen lasse [7].

Reale Körper im virtuellen Raum – das digitale Zeitalter

Das Leben von Kindern und Jugendlichen, individuell, in ihren Familien, mit den Freunden und auch in der übrigen Öffentlichkeit ist zunehmend mit Medienkontakten verbunden [12]. In manchen Altersgruppen übertrifft die damit verbrachte Zeit alle anderen Aktivitäten, auch den Schulbesuch, körperliche Aktivitäten und die Schlafdauer. Abwertungen in Internetforen, die sich oft auch auf körperliche Aspekte konzentrieren, haben in Einzelfällen schon suizidale Handlungen bewirkt (*Cybermobbing*).

Die jugendliche Neugier, auch ihre sexuelle Entwicklung betreffend, kann dazu führen, dass einseitige Darstellungen im Internet die Sozialisation prägen, dass z.B. der Eindruck entsteht, die virtuell dargestellte Sexualität repräsentiere die reale.[11] Auch für erwachsene Internetnutzer gilt, dass die häufigsten weltweit gebräuchlichen Suchworte im Internet sexuelle Begriffe sind. In den Foren ist die Darstellung der eigenen Körperlichkeit der Jugendlichen von einem spielerischen Umgang mit der Identität geprägt. Mit zunehmendem Alter wird das Körperbild virtuell abgewandelt und modifiziert dargestellt, um die Wirkung auf andere zu testen, was sich umgekehrt real auf das Körperbild auswirkt. Wenn der anders dargestellte Körper Bewunderung erfährt, kann das implizit als Ablehnung des realen Körperbildes erlebt werden. „Der zunehmende Körperkult und das durch die Möglichkeiten der Bildbearbeitung fast virtuell gewordene Schönheitsideal fördern bei Kindern die Vorstellung, der Körper sei beliebig formbar – wie ein Avatar. Dadurch verschiebt sich die Messlatte immer weiter nach oben. Die Folge ist eine völlig verzerrte Wahrnehmung der eigenen Figur" [14]. Die Gruppe der zehn Prozent Kinder und Jugendlicher mit der geringsten Mediennutzung hat die höchste Lebensqualität, auch in Bezug auf das körperliche Wohlbe-

---

[11] Die mehrfach medienwirksam dargestellte „Generation Porno", im Sinne einer auf dieses Erleben eingeengten relevanten Subgruppe, gibt es nicht.

finden, Selbstwahrnehmung etc. und umgekehrt bei der Gruppe mit der stärksten Mediennutzung [12].

Körperschemastörungen, selbst verletzendes Verhalten

„Im Mittelpunkt der jugendlichen Körperarbeit steht die Gewichtskontrolle über das Essverhalten. Es absorbiert die Energie vieler Mädchen, da sie sich gegen natürliche Entwicklungsprozesse stemmen müssen." [4, S. 242]. Entsprechend ist das Gewicht auch maßgeblich für die Zufriedenheit mit dem eigenen Körper, bei Jungen auch Akne [ebenda]. Die wohl bekannteste Körperschemastörung ist die Magersucht (Anorexia nervosa), bei der diese Fehlwahrnehmung jedoch nur eine der Krankheitsursachen ist. Viele Betroffene versuchen mit der stark verminderten Nahrungsaufnahme Gefühle wie extreme Selbstunsicherheit, Ängste vor Ablehnung und Einsamkeit zu kontrollieren, indem zunächst eine maximale Körperkontrolle angestrebt wird, eine vermeintliche Unangreifbarkeit. Der Einfluss von krankhaft dünnen Supermodels und des entsprechenden Kultes wird überschätzt. Maßgeblich sind insbesondere Interaktionsstörungen, Autonomie-Abhängigkeitskonflikte, Veranlagung, vor allem das Temperament, andere pubertäre Stressfaktoren und teilweise auch Missbrauchserfahrungen; die Betroffenen haben häufig ein geringes Selbstwertgefühl. Auch hier sind die frühen Einflüsse prägend. Der Testosteroneinfluss in der Schwangerschaft wirkt wahrscheinlich protektiv gegen Magersucht, wobei der Wirkmechanismus ungeklärt ist. Östrogene aktivieren offenbar Gene, die den Bauplan für Serotoninrezeptoren und verwandte Moleküle enthalten und dadurch die Magersucht begünstigen. Beim Vergleich von Zwillingspaaren zeigte sich, dass Frauen mit Zwillingsschwestern vergleichsweise am häufigsten von Magersucht betroffen sind, gefolgt von Frauen mit Zwillingsbrüdern, gefolgt von Männern mit Zwillingsschwestern und dass Männer mit Zwillingsbrüdern am seltensten erkranken [6]. Extrem verstärkend wirkt der Suchtkreislauf, so dass bei Hinweisen nur frühzeitige und intensive professionelle Hilfe diese schwere und häufig chronisch verlaufende Erkrankung lindern oder heilen kann. Überhöhte mütterliche Erwartungen und spöttische Kommentare der Väter sind ebenfalls relevant [4].

Auch *selbst verletzendes Verhalten* wird durch Konflikte verstärkt. Etwa 20 Prozent der 14-Jährigen haben sich schon einmal gezielt selbst verletzt, meist absichtlich in den Unterarm geritzt, ungefähr die Hälfte davon schon mehrfach. Mädchen sind häufiger in dieser Form autoaggressiv und oft zwei bis drei Jahre früher betroffen. Als Hauptmotivationen werden in entsprechenden Untersuchungen angegeben: Spannungsreduktion, Reduktion unangenehmer Gefühle, Selbstbestrafung, Wiedererlangung der Kontrolle, Stimmung auf ein angenehmes Niveau heben und Zuwendung bekommen. Entsprechend wichtig ist die konsequente Thematisierung und Bearbeitung mit den erwachsenen Bezugspersonen. Aufgrund der in der Jugend maßgeblichen Gruppendynamik ist auch von einem hohen Anteil von Ausprobierverhalten auszugehen. Gleichzeitig enthemmend und Gruppendruck erzeugend wirken wiederum Internet-Foren und Anleitungen auf Homepages.

Wiederum zeigen sich eindeutige Parallelen jugendlichen Handelns mit gesamt-gesellschaftlichen Trends. *Body Modification* ist weit verbreitet, den Körper mit Tätowierungen, Piercings, Metallimplantationen, Extremsport, Schönheitsoperationen und anderem als Visitenkarte modischen Strömungen zu unterwerfen, ihn als Kommunikationsfläche, als Möglichkeit sich auch selbst über das Spiegelbild eine Identität aufzutragen zu nutzen. Der Körperschmuck soll dabei nicht nur der eigenen Schönheit dienen, sondern gleichzeitig einen Sicherheitsabstand gegenüber der Umwelt schaffen. Nicht wenige, die ihren Körper verändern, versuchen, alte Wunden zu heilen, als eine Art „selbstfürsorgliche Handlung" [9].

Zusammenfassend möchte diese kurze Übersicht einladen, achtsames Körpererleben gemeinsam mit Kindern lebenslang zu kultivieren und sich auf die altersentsprechende Individualität und Ausdrucksform einzulassen. Es ist eine gesamtgesellschaftliche Herausforderung, möglichst vielen Kindern und Jugendlichen ein körperlich-seelisch gesundes Aufwachsen zu ermöglichen.

Literaturangaben

[1]   Bonus B (2006) Mit den Augen eines Kindes sehen lernen.
        Band 1

[2]   Bundeszentrale für gesundheitliche Aufklärung (Hrsg.) AL-
        KOHOLSPIEGEL. Mai 2010

[3]   Eckart WU (2010) Schlagt sie, der Herr will es! Gewalt und
        religiöse Erziehung, Kommentar zum Zeitgeschehen. Trauma
        & Gewalt: 4 - 5

[4]   Fend H (2003) Entwicklungspsychologie des Jugendalters. 3.
        Auflage

[5]   Fuchs T (2010) Das Gedächtnis unseres Körpers. Psychologie
        Heute compact/ Unser Körper. Heft 26

[6]   Gura T (2009) Magersucht. Geist & Gehirn, Kindesentwick-
        lung 4

[7]   Hantel-Quitmann W (2006) Die Liebe, der Alltag und ich

[8]   Jacobi G; Detmeier R; Bannascheck S; Brosig B; Herrmann
        B (2010) Misshandlung und Vernachlässigung von Kindern -
        Diagnose und Vorgehen. Deutsches Ärzteblatt 2010. 107(13):
        231-40

[9]   Kasten, E (2010) Body-Art: Der Wunsch, einzigartig zu sein.
        Psychologie Heute compact/ Unser Körper. Heft 26

[10]   Karnatz E (2009) Sexualerziehung im Kindergarten als
        Prävention von sexuellem Missbrauch

[11]   Largo RH (2010) Lernen geht anders

[12]   Resch F, Schulte-Markwort M (2009) Kindheit im digitalen
        Zeitalter

[13]   Newen A (2011) Wer bin ich? Spektrum der Wissenschaft

[14]   Nuber U (2010) Manage deinen Körper! Psychologie Heute
        compact/ Unser Körper. Heft 26

[15]   Oerter R, Montada L (2002) Entwicklungspsychologie

[16]   Orbach S (2010) Bodies

[17]   Rahm D, Otte H, Bosse S, Ruhe-Hollenbach H (1993)
        Einführung in die Integrative Therapie

[18]   Roth M (1998) Das Körperbild im Jugendalter

[19]   Stern DN (1990) Tagebuch eines Babys

[20]   Stollorz V (2006) Bewusstsein durch Bewegung. GEO Wissen
        37

Singen und Bewegen hilft – aber nicht immer! Musikverarbeitung bei Kindern mit Sprachentwicklungsstörungen

STEPHAN SALLAT

Jeder im Bereich der Gesangs- und Musikpädagogik tätige Mensch ist sich sicher: Singen und Bewegen hilft. Das Wissen darüber speist sich dabei zuerst aus der eigenen Biographie. Mit der Musik werden positive Erlebnisse, Musikprojekte und Erinnerungen der Vergangenheit verbunden und auch im aktuellen Leben spielt die Musik eine wichtige Rolle. In den letzten Jahren konnten zudem wissenschaftliche Studien, vor allem aus dem Bereich der Neurowissenschaften, Transfereffekte einer intensiven Beschäftigung mit Musik auf nichtmusikalische Verarbeitungsprozesse und Entwicklungsbereiche aufzeigen. Auch werden die Zusammenhänge zwischen der Verarbeitung von Kontur, Melodie und Rhythmus und der Sprachentwicklung in den ersten Lebensmonaten immer deutlicher. Demzufolge wird der rhythmisch-musikalischen Förderung eine wichtige Rolle in der (sprachlichen) Förderung von Kindern, vor allem im Vorschulbereich, zugeschrieben.

Der Nutzen von Singen und Bewegung lässt sich jedoch nicht für alle Kinder bestätigen. So zeigen aktuelle Ergebnisse zur Musik- und Prosodieverarbeitung von Kindern mit Sprachentwicklungsstörungen deutliche Auffälligkeiten in diesem Bereich. Vor diesem Hintergrund sollte der Einsatz von Musik zur Sprachförderung differenziert erfolgen. Man sollte aus den vorliegenden Studien nicht auf einen universellen Nutzen der Beschäftigung mit Musik schließen.

Im Beitrag werden der Einfluss der Musik auf den Spracherwerb, Transfereffekte der Musik auf verschiedene Entwicklungsbereiche und Auffälligkeiten in der Verarbeitung von Musik und Bewegung bei Kindern mit Sprachentwicklungsstörungen beschrieben. Abschließend werden Schlussfolgerungen für einen differenzierten Einsatz von Musik in Sprachförderung und Sprachtherapie gezogen.

Musik, Sprache und Spracherwerb

Musik und Sprache sind sich als Phänomene sehr ähnlich. Trotzdem sie sich beispielsweise bezüglich ihrer Klangeigenschaften/Klangmöglichkeiten sowie des verwendeten und zur Verfügung stehenden Tonumfanges deutlich unterscheiden, bestehen sie aus einer begrenzten Anzahl an Zeichen die nach bestimmten Regeln miteinander kombiniert werden. Genau wie in jeder Sprache eine begrenzte Anzahl an Phonemen vorzufinden ist – im Deutschen gibt es je nach Dialekt ca. 40 Phoneme, gibt es auch in jedem Kulturraum eine begrenzte Anzahl an Tonschritten/Tönen innerhalb einer Oktave – im abendländischen Tonsystem 12, in indischer Musik beispielsweise 22 Tonschritte. Wichtig für den Umgang mit Sprache und Musik ist aber die Tatsache, dass es beispielsweise durch Phonologie, Grammatik und Harmonielehre Regeln für die Kombination dieser Zeichen gibt, die allerdings unbegrenzte Kombinationsmöglichkeiten bieten [1, 2].

Die Verarbeitung von Musik und Sprache im Gehirn findet in sich überlappenden Verarbeitungszentren und mit vergleichbaren Verarbeitungsmechanismen statt. Die Hirnforschung der letzten Jahre konnte beispielsweise aufzeigen, dass das Gehirn auf eine Verletzung im Bereich der sprachlichen Struktur (Bsp.: „Die Mutter wurde im geärgert") mit einer Negativierung der Hirnströme in bestimmten Arealen nach 200 ms reagiert. Diese Reaktion des Gehirns wird als ELAN (*early left anteriour negativity*) bezeichnet [3]. Interessanterweise lässt sich eine solche Reaktion auch durch Musik auslösen und dies unabhängig davon, ob der Mensch musikalisch ist oder nicht. So reagiert schon das Gehirn von Kindern und Kleinkindern beim Hören einer Akkordfolge auf einen falschen Schlussakkord mit der sogenannten ERAN (*early rigth anteriour negativity*), ebenfalls nach 200 ms. Dabei sind im Gehirn weitgehend die gleichen Verarbeitungszentren beteiligt (für einen Überblick [4]).

Die größten Überschneidungen der Phänomene Sprache und Musik gibt es im Bereich der Prosodie. Für das Verstehen von Sprache ist neben dem Wortlaut auch die prosodische Gestaltung von besonderer Bedeutung. Durch das Hinzufügen der prosodischen (musikalischen) Parameter wie Lautstärke, Tonhöhe, Lautdauer und Sprechpause entsteht mit Akzenten, Intonationationsverläufen, Sprechtempo und Sprachrhythmus die spezifische prosodische Gestaltung der gesprochenen Sprache. Sie hilft uns beim Lernen von neuen Wörtern oder sprachlichen Regeln. So erzielen Kinder und Erwachsene in Experimenten zum Erlernen einer Kunstsprache und zum Festigen neuer grammatischer Regeln bessere Leistungen, wenn die Sprache eine deutliche prosodische Gliederung beinhaltet [5, 6, 7]. Ebenso beeinflusst die Prosodie den Inhalt von Aussagen, präzisiert ihn und verkürzt die Redezeit. Im Verlauf der frühen Sprachentwicklung, in den ersten 12-18 Monaten, muss der Säugling im sprachlichen Input zunächst die prosodischen Merkmale und Komponenten erkennen und analysieren um aufbauend auf diesem Wissen erste Laute und Wörter zu entdecken. Dabei beachtet er zunächst den Sprachrhythmus [8]. Aufgrund des Wechsels von betonten und unbetonten Silben ist er bereits kurz nach der Geburt in der Lage, beispielsweise Englisch von Italienisch zu unterscheiden. Es ist ihm jedoch nicht möglich, Englisch von Deutsch zu unterscheiden, da diese beiden Sprachen der gleichen Rhythmusklasse angehören. Nach nur fünf Monaten ist der Säugling dann zur Unterscheidung innerhalb einer Rhythmusklasse (Englisch vs. Deutsch) in der Lage. Ausgehend von der Beachtung des Sprachrhythmus gelingt es dem Säugling somit immer besser, die Umgebungssprache zu erkennen und zu lernen.

Neben dem Sprachrhythmus spielt für die frühe Sprachentwicklung auch die Beachtung und Nachahmung der Melodiekontur eine wichtige Rolle. Schon bei zwei bis fünf Tage alten Säuglingen zeigen sich in den Konturverläufen von Babyschreien deutscher Babies Unterschiede zu französischen Babies [9]. Auch die Betrachtung der Interaktion und Kommunikation von Babies mit den Bezugspersonen zeigt erstaunliche produktive und imitatorische Leistungen in Bezug auf die Melodiekontur [10].

Erleichtert werden die beschriebenen Leistungen des Säuglings durch die stärkere Hervorhebung von Phrasengrenzen, Silbenlänge und Tonhöhenveränderung durch die Bezugspersonen [vgl. 11, 12]. Wir sprechen zu Babies mit einer viel höheren Stimme, haben eine sehr ausgeprägte Sprechmelodie und verwenden einfache kurze Sätze. Diese unbewussten Hilfen in der Sprache der Bezugspersonen wird als motherese oder baby talk bezeichnet. Einige Autoren gehen davon aus, dass das Gehirn von Säuglingen Sprache und Musik nicht in unterschiedlichen Domänen verarbeitet, sondern Sprache eher als eine spezielle Art Musik auffasst [4].

Transfereffekte

Der Beschäftigung mit Musik werden positive Transfereffekte nicht nur in Bezug auf die sprachlichen Fähigkeiten, sondern ebenso in Bezug auf weitere Entwicklungsbereiche wie Intelligenz, Motorik, Konzentration zugeschrieben. Profimusiker können sich ebenso wie Kinder mit einer zeitlich intensiven Instrumentalausbildung längere Wortfolgen merken als musikalische Laien. Ebenfalls sind die für die akustische und motorische Verarbeitung im Gehirn zuständigen Bereiche bei den Musikern vergrößert und beim Hören von Musik sind mehr Aktivitäten im Gehirn zu verzeichnen als bei Vergleichspersonen [13, 14].

Die beschriebenen Transfereffekte sollten jedoch nicht zu einer unreflektierten musikalischen Förderung führen. Zum einen offenbaren viele musikpädagogische und musiktherapeutische Studien, die in aktuellen Zeitschriften und Magazinen zur Früherziehung und Pädagogik als Begründung herangezogen werden, methodische Mängel. Hier ist als Negativbeispiel der so nie belegbare Mozarteffekt zu nennen [13, 15]. Des Weiteren gibt es Studien die nahelegen, dass auch die Art der Musik einen Einfluss auf die beobachtbaren Transfereffekte hat. So wurde beispielsweise in einer Studie mit 6-jährigen Kindern untersucht, ob die Kinder nach einer Förderung über ein Jahr hinweg den emotionalen Charakter von Sätzen (z.B. fröhlich, traurig) besser einschätzen können. Die drei Gruppen erhielten entweder Gesangsunterricht, Instrumentalunterricht oder Schauspielunterricht. Nach einem Jahr zeigten die Schauspiel- und die Instrumentalgruppe bessere Leistungen. Die Gesangsunterrichtsgruppe hatte sich nicht verbessert [16].

Zusätzlich muss berücksichtigt werden, dass man von Transfereffekten bei gesunden Menschen mit einer unauffälligen Sprachentwicklung nicht ohne weiteres auf einen Transfer der Musik bei Kindern mit Sprachentwicklungsstörungen rückschließen kann.

Sprachentwicklungsstörungen – Auffälligkeiten in Prosodie, Musik und Motorik

Wie bereits oben beschrieben, ist die Beachtung von Rhythmus, Betonungsmuster, Kontur, Tonhöhe und Melodie für den Säugling notwendig, um die Sprache erfolgreich zu lernen. Doch genau in diesem Bereich zeigen Kinder mit spezifischen Sprachentwicklungsstörungen Auffälligkeiten. Von diesem Störungsbild spricht man, wenn Kinder trotz normaler Hörfähigkeiten und Intelligenz im Alter von 2 Jahren noch keine 50 Wörter kennen und sprechen bzw. Wörter nicht zu Zwei- oder Dreiwortäußerungen kombinieren können und diesen Sprachrückstand bis zum dritten Lebensjahr nicht aufholen. Bei diesen Kindern (4-7% aller Kinder) wird eine spezifische Sprachentwicklungsstörung, SSES, diagnostiziert.

SSES-Kinder können prosodische Zusatzinformationen nicht für eine bessere Sprachverarbeitung nutzen. Im Gegensatz zu sprachlich unauffälligen Kindern und Erwachsenen profitieren sie nicht von einer prosodisch überhöhten Darbietung beim Erwerb einer Kunstsprache [17] und beim Lernen von grammatischen Regeln [5]. Sie lernen die Wörter und Sprachregeln genau so schlecht wie bei einer monotonen Darbietung. Ebenso können sie Low-Pass gefilterte Sätze (verändert bezüglich unterschiedlicher prosodischer Parameter) schlechter als gleichaltrige Kinder dem Originalsatz zuordnen [18]. Doch auch in der musikalischen Verarbeitung zeigen sich Probleme im Vergleich zu Kindern mit einer unauffälligen Sprachentwicklung. Bereits die Schreiäußerungen von Säuglingen zeigen Auffälligkeiten [19]. Die Säuglingsschreie im Alter von zwei Monaten sind bei Kindern, die später eine unauffällige Sprachentwicklung zeigen, durch einen komplexen Wechsel von fallenden und steigenden Konturen gekennzeichnet, währenddessen die Produktionen von Säuglingen, die mit drei Jahren eine Sprachentwicklungsstörung aufwiesen, einfacher sind. Des Weiteren zeigen fünfjährige Kinder mit SSES im Gegensatz zu gleichaltrigen Kinder mit unauffälliger Sprachentwicklung keine oben beschriebene Reaktion des Gehirns (ERAN) auf die falsche Harmonie am Ende einer Akkordfolge [20]. Demgegenüber ließen sich vergleichbare Reaktionen bereits bei zweieinhalbjährigen unauffällig entwickelten Kindern nachweisen.

In einer Gegenüberstellung von musikalischen Verarbeitungsleistungen, wie dem Erkennen von Fehlern in Melodie oder Rhythmus bei Kinderliedern oder dem Vergleich von zwei Melodien, zeigte sich, dass fünfjährige Kinder mit Sprachentwicklungsstörungen die gleichen Ergebnisse erreichen wie jüngere Kinder mit einer unauffälligen Sprachentwicklung. Im Vergleich zu gleichaltrigen Kindern waren sie in allen musikalischen Bereichen schlechter [21]. Damit zeigen Kinder mit einem vergleichbaren Sprachentwicklungsstand vergleichbare Musikverarbeitungsleistungen. In aktuellen Folgestudien untersuchen wir, ob Kinder mit und ohne Sprachentwicklungsstörungen Wörter besser lernen können, wenn sie ihnen vorgesungen wird. Es zeichnet sich ab, dass Kinder ohne Sprachstörung vom Singen profitieren, währenddessen die Kinder mit Sprachentwicklungsstörungen genauso schlecht sind wie in einer monotonen Darbietung. Sie lernen die Wörter nicht [22].

Auch bezüglich des Nutzens von Bewegungsförderung für die Unterstützung der Sprachentwicklung müssen für Kinder mit Sprachentwicklungsstörungen Einschränkungen gemacht werden. Die psychomotorisch orientierte Sprachförderung ist sehr umstritten und empirische Studien sehr selten. Es zeigt sich dabei zumeist kein Transfer allein von Bewegungsförderung auf die Entwicklung der sprachlichen Fähigkeiten. Motorische Ungeschicktheiten und Defizite in der Grob- und Feinmotorik sind bei Kindern mit Sprachentwicklungsstörungen häufig zu beobachten. Es ist unklar, inwiefern es sich bei den motorischen Problemen der Kinder um Schwierigkeiten handelt, die verantwortlich für die sprachlichen Auffälligkeiten sind oder um von der Sprache unabhängige zusätzliche Schwierigkeiten. Positive Veränderungen konnten durch die motorische Förderung nur erreicht werden, wenn ein zusätzlicher Schwerpunkt auf soziale und sprachliche Aspekte gelegt wurde. Die Fördermaßnahmen müssen sich dabei am Entwicklungsprofil des Kindes ausrichten und verlangen eine fundierte Sprachentwicklungsdiagnostik [23].

Schlussfolgerungen: Musik, Sprachförderung und Sprachtherapie

Musik ist kein Allheilmittel! Man kann von Transfereffekten bei sprachlich normal entwickelten Kindern und Erwachsenen sowie aus positiven Erfahrungen mit Musik in der eigenen Biographie nicht auf den gleichen Nutzen für die Sprachentwicklung bzw. Sprachverarbeitung bei sprachentwicklungsgestörten Kindern schließen.

Musikalische Förderung muss demzufolge stärker hinterfragt werden. Musik oder rhythmisch-musikalische Erziehung kann eine Sprachtherapie nicht ersetzen, allenfalls begleiten oder bereichern! Für die Verwendung von Musik in der Sprachtherapie muss zudem ein Umdenken erfolgen. Da sprachentwicklungsgestörte Kinder nicht von musikalischen Zusatzinformationen (z.B. beim Singen) profitieren und wie oben beschrieben im Spracherwerb die musikalische Analyse der Umgebungssprache (Konturverläufe, Betonungsmuster, Pausen etc.) dem Sprachverständnis vorangeht, sollte eine Förderung bei diesen Kindern zunächst allein auf der musikalischen Ebene erfolgen. Das bedeutet: Trennung von Sprache und Musik! Musikalische Förderung und Therapie bei sprachentwicklungsgestörten Kindern sollte das Erkennen von Konturen, Tonhöhen, Tonfolgen Rhythmen etc. beinhalten und nicht das Singen von Liedern. Dadurch wird die Komplexität reduziert, was das Lernen erleichtert. Zudem entspricht die Reihenfolge erst Musik und dann Sprache dem für die frühe Sprachentwicklung beschriebenen Entwicklungsverlauf.

Noch ein letzter wichtiger Punkt für alle Gesangs- und Musikpädagogen: *Sprachentwicklungsauffälligkeiten und -störungen bedürfen immer einer umfassenden Diagnostik und Therapie!* Bitte verweisen Sie auffällige Kinder und deren Eltern an die entsprechenden Spezialisten wie Phoniater, Sprachtherapeuten, Logopäden und Sprachheilpädagogen. Reflektieren Sie vor dem Hintergrund der beschriebenen Auffälligkeiten sprachentwicklungsgestörter Kinder ihre eigene Arbeit und weisen sie die Eltern auch auf die Grenzen ihrer gesanglichen und musikpädagogischen Arbeit hin. *Die Beschäftigung mit Musik ist nicht automatisch Musiktherapie und nicht automatisch Sprachtherapie.*

Literaturangaben

[1]   Crain S, Lillo-Martin D (1999) An introduction to linguistic theory and language acquisition. Blackwell, Oxford

[2]   Lerdahl F (2001) Tonal Pitch Space. University Press, Oxford

[3]   Friederici AD (2002) Towards a neural basis of auditory sentence processing. TRENDS in Cognitive Sciences 6(2):78-84

[4]   Koelsch S, Siebel WA (2005) Towards a neural basis of music perception. TRENDS in Cognitive Sciences 9(12):578-584

[5]   Bishop DVM, Adams CV, Rosen S (2006) Resistance of grammatical impairment to computerized comprehension training in children with specific and non-specific language impairments. International Journal of Language and Communication Disorders 41(1):19-40

[6]   Schön D, Boyer M, Moreno S, Besson M, Peretz I, Kolinsky R (2008) Songs as an aid for language acquisition. Cognition 106(2):975-983

[7]   Pena M, Bonatti LL, Nespor M, Mehler J (2002) Signal-driven computations in speech processing. Science 298(5593):604-607

[8]   Nazzi T, Ramus F (2003) Perception and acquisition of linguistic rhythm by infants. Speech Communication 41:233-243

[9]   Mampe B, Friederici AD, Christophe A, Wermke K (2009) Newborns' cry melody is shaped by their native language. Current Biology 19:1994-1997

[10]   Papouek M (2008) Vom ersten Schrei zum ersten Wort. Anfänge der Sprachentwicklung in der vorsprachlichen Kommunikation. Hans Huber, Bern

[11]   Jusczyk PW (2002) How infants Adapt Speech-Processing Capacities to native- Language-Structure. Current Directions in Psychological Science 2(1):15-18

[12]   Kuhl PK (2004) Early Language Acquisition: Cracking the
        Speech Code. Nature Reviews Neuroscience 5:831-843.

[13]   Jäncke L (2008) Macht Musik schlau? Neue Erkenntnisse aus
        den Neurowissenschaften und der kognitiven Psychologie. Hu-
        ber, Bern

[14]   Jentschke S, Koelsch S (2006) Gehirn, Musik, Plastizität und
        Entwicklung. Zeitschrift für Erziehungswissenschaft Beiheft
        5:51-70

[15]   Spychiger M (2001) Was bewirkt Musik? Probleme der Va-
        lidität, der Präsentation und der Interpretation bei Studien
        über außermusikalische Wirkungen musikalischer Aktivität.
        In: Gembris H, Kraemer R-D, Maas G (Hrsg) Macht Musik
        wirklich klüger? – Musikalisches Lernen und Transfereffekte.
        Augsburg, Wißner, S 13-37

[16]   Thompson WF, Schellenberg EG, Husain G (2004) Decoding
        Speech Prosody: Do Music Lessons Help? Emotion 4(1):46-
        64.

[17]   Weinert S (2000) Sprach- und Gedächtnisprobleme dyspha-
        sisch-sprachgestörter Kinder: Sind rhythmisch-prosodische
        Defizite die Ursache? In: Müller K, Aschersleben G (Hrsg)
        Rhythmus: ein interdisziplinäres Handbuch. Huber, Bern, S
        255-283

[18]   Fisher J, Plante E, Vance R, Gerken L, Glattke TJ (2007) Do
        Children and Adults With Language Impairment Recognize
        Prosodic Cues? Journal of Speech, Language, and Hearing
        Research 50:746-758

[19]   Wermke K (2008) Melodie und Rhythmus in Babylauten und
        ihr potenzieller Wert zur Frühindikation von Sprachentwick-
        lungsstörungen. Logos Interdisziplinär 16:190-195

[20]   Jentschke S, Koelsch S, Sallat S, Friederici AD (2008) Child-
        ren with specific language impairment also show impairment
        of music-syntactic processing. Journal of Cognitive Neuros-
        cience 20(11):1940-1951

[21]   Sallat S (2008) Musikalische Fähigkeiten im Fokus von Sprachentwicklung und Sprachentwicklungsstörungen. Idstein: Schulz-Kirchner Verlag

[22]   Sallat S (2011): Prosodische und musikalische Verarbeitung im gestörten Spracherwerb. Sprache Stimme Gehör 3.

[23]   Jungmann T (2008) Chancen und Grenzen psychomotorisch orientierter Sprachförderung aus entwicklungspsychologischer Perspektive. Die Sprachheilarbeit 53(1):26-42

Singende Kinder – Glückliche Lehrer? Exemplarische Befunde aus der Begleitforschung zum Grundschulprojekt „Jedem Kind seine Stimme"

HEINER BARZ / TANJA KOSUBEK

Streit um den Mozart-Effekt: Eine neue alte Diskussion

Musizieren macht Kinder intelligent, friedfertig und glücklich? In einer Anekdote zum „Mozart-Effekt", dem in regelmäßigen Abständen entweder vielfach gepriesenen oder energisch abgestrittenen positiven Effekt des Musizierens auf die kognitive und affektive Entwicklung von Kindern (vgl. Schumacher 2006, 2009), weist Christof Weitenberg (2009) auf die sehr unterschiedlichen Deutungsmöglichkeiten eines empirischen Befundes zur Wirkung von Musik auf Jugendliche hin: „Im Januar 2005 beschloss die Londoner Untergrundbahn, 35 Stationen mit klassischer Musik – darunter auch Mozart – zu beschallen. Ein 18-monatiger Test an vier Stationen hatte ergeben, dass die körperlichen und verbalen Angriffe durch Jugendliche um 33% abgenommen hatten. Wunderbare Macht der Musik? [...] Die Untergrundbahn-Betreiberfirma Metronet bietet eine weit nüchternere Deutung: ‚Die Musik hat die Anzahl herumhängender Jugendlicher in den Stationen reduziert, vermutlich weil es für sie ‚uncool' ist, in der Nähe dieser Musik zu sein.'"

Was aber passiert, wenn Grundschulkinder in der Schule gesangs- und musikpädagogische Anregungen unter professioneller Anleitung erhalten? Dieser Frage ist die Abteilung für Bildungsforschung- und Bildungsmanagement der Heinrich-Heine-Universität Düsseldorf in der Begleitforschung zum Neusser Projekt „Jedem Kind seine Stimme" nachgegangen – ohne dabei Transfereffekte „herbeiforschen" zu wollen, aber doch mit einem Blick auf die Wirkung des Projekts, so wie die Beteiligten sie wahrgenommen haben.

„Jedem Kind seine Stimme": Das Projekt und seine Evaluation

Ins Leben gerufen 2007 von der Musikschule Neuss bietet das Projekt „Jedem Kind seine Stimme" inzwischen Schülern aus allen 25 Grundschulen der Stadt Neuss die Gelegenheit, im Rahmen des schulischen Musikunterrichts unter professioneller Anleitung einen Prozess der Musikalisierung zu erleben[1]. Erfahrene GesangpädagogInnen unterrichten jede Woche im Teamteaching gemeinsam mit Grundschullehrerinnen nach einem gesangspädagogischen Konzept, das ergänzende Schwerpunkte zum curricularen Musikunterricht setzt. Durch die Unterrichtselemente Musikkunde, Singen, Sprechen, Bodypercussion und Orff-Instrumentarium werden die Kinder in ihren Sprach- und Singkompetenzen sowie in ihren Ausdrucks- und Gestaltungsfähigkeiten gefördert. Die Wirkung von aktivem Musizieren und Singen wird den Kindern konkret erlebbar und nachvollziehbar gemacht.

In das Konzept von „Jedem Kind seine Stimme" ist zur prozessbegleitenden Qualitätssicherung eine formative Evaluation des Projekts integriert worden. Von Juni 2009 bis September 2010 sind daher von Professor Heiner Barz und Tanja Kosubek die am Projekt beteiligten Kinder und deren Eltern, die Lehrerinnen, die Gesangspädagoginnen und die Projektleitung aus verschiedenen Untersuchungsperspektiven unter die sozialwissenschaftliche Lupe genommen worden. Insgesamt sind 27 Interviews geführt, 364 Fragebögen ausgefüllt, zwei Gruppendiskussionen mit GesangspädagogInnen und Lehrerinnen abgehalten und acht Audiotagebücher von Kindern angefertigt worden. Im Zentrum der Begleitforschung standen dabei unter anderem die Projektwahrnehmung sowie die Wahrnehmung von musikalischen und pädagogischen Erträgen auf Seiten der SchülerInnen, (Gesangs)LehrerInnen und Eltern. Mögliche Transfereffekte wie kreatives Potential, Selbstvertrauen oder ästhetisches Empfinden können kaum standardisiert gemessen werden. Daher sind diese – soweit möglich –

---

[1]Das Projekt verdankt sich der Initiative des Direktors der Musikschule Neuss, Reinhard Knoll. Es wird finanziell gefördert von der Jubiläumsstiftung der Stadtsparkasse Neuss und der Staatskanzlei NRW und koordiniert von Holger Müller, Musikschule Neuss. Die Website des Projektes informiert umfassend über das Projekt – einschließlich eines eindrucksvollen Videoclips: www.jedemkind-seine-stimme.de. Dort findet sich auch der vollständige Evaluationsbericht: http://www.jedem-kind-seine-stimme.de/cms/front_content.php?idcat=30

durch die Analyse von Selbst- und Fremdeinschätzungen mittels qualitativen Methoden erschlossen worden. Die wissenschaftliche Aufmerksamkeit sollte aber nicht nur möglichen Transfereffekten gelten – genauso relevant war eine Untersuchung der Begegnung der Kinder mit Musik und ihrer Stimme selbst. Die Frage, welchen Stellenwert die Beteiligten musikpädagogischen Projekten als Teil einer umfassenden kulturellen Bildung zusprechen, war ebenfalls Gegenstand der Forschung. Einen Überblick über das Forschungsdesign gibt die folgende Abbildung 1:

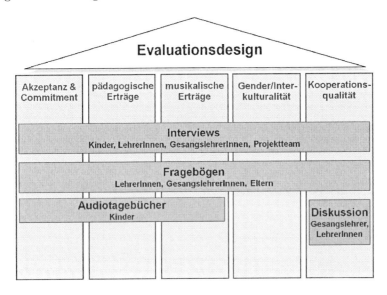

Abbildung 1: Evaluationsdesign

(Musik)pädagogische Erträge

Die von den Beteiligten genannten Erträge des JeKiSti-Unterrichts lassen sich unterschiedlichen Ebenen zuordnen. Auf der Individualebene der Kinder berichten Lehrerinnen wie GesangspädagogInnen von Beobachtungen zur Entwicklung von Selbstbewusstsein und Persönlichkeit der Kinder im Laufe des JeKiSti-Unterrichts. Besonders das Vortragen von Liedern alleine oder in einer kleinen Gruppe

vor der gesamten Klasse sowie auf Schulkonzerten wird nach Beobachtung der Lehrerinnen und GesangspädagogInnen von den meisten
Kindern als positive Erfahrung erlebt. Der Erfolg, für ein gemeinsam
einstudiertes Lied bei einer Vorführung Applaus und positive Rückmeldungen aus dem Publikum zu bekommen, wirke sich stärkend auf
das Selbstbewusstsein der Kinder aus. Im Unterricht sind es nach
Beobachtung der Lehrerinnen vor allem die positive Verstärkung des
Vorsingens sowie die bewertungsfreie Konzeption des Unterrichts, die
es auch eher zurückhaltenden Kindern ermöglichen, sich im Vorsingen
einen Raum zur (musikalischen) Selbsterfahrung zu verschaffen.

> „Der Gesang hat sich sowohl bei Mädchen als auch bei
> Jungen sehr verbessert. Die Bewegungsfreude ist deutlich
> zu spüren. Die Freude am Gesang wird den SchülerInnen
> spürbar vermittelt." (L^2)

> „Fast alle Jungen wurden motiviert, laut und deutlich al-
> leine zu singen und sich zu bewegen, bei Bewegungsspielen
> zu tanzen. Selbst sehr zurückhaltende Mädchen sangen
> zum Ende des Schuljahres vor der Klasse." (L)

> „Alle Kinder haben sich gesanglich enorm verbessert und
> kommen innerlich besser zur Ruhe." (L)

Im Bereich Konzentration und Disziplin stellen die Befragten ebenfalls positive Auswirkungen des JeKiSti-Unterrichts auf die Kinder
fest. Es wird von der Erfahrung der Kinder berichtet, dass Ensemble-
Arbeit disziplinierte Zusammenarbeit erfordert. Das gemeinsame Singen eines Liedes fordere von den Kindern Konzentration auf die eigene Stimme sowie auf ihre Mitschüler. Im Bereich der musikalischen
Fähigkeiten, der Stimmbildung und des musikalischen Interesses sehen die Befragten als spürbare Erträge des JekiSti-Unterrichts u.a. die
Erarbeitung eines umfangreichen Liederrepertoires, die Vergrößerung
des Stimmumfangs bei vielen Kindern, das erfolgreiche Stimmbil-
dungstraining für „Brummer", Lernfortschritte bei Rhythmusgefühl
und Notenkenntnissen sowie die gesteigerte Präzision vieler Kinder
in der Tonartikulation.

Diese Beobachtungen der Lehrerinnen und GesangspädagogInnen
decken sich mit den unabhängig davon eingeholten Berichten von

---

^{2}L = Lehrerin

Eltern. Knapp ein Drittel aller befragten Eltern hat angegeben, dass das eigene Kind motiviert durch das Jekisti-Projekt zuhause mehr singt als früher (vergleiche Abbildung 2). In diesem Befund liegt auch die am häufigsten von Eltern berichtete direkte Auswirkung des Projekts auf die Musikalität. Dass die Eltern andere Auswirkungen deutlich vorsichtiger einschätzen, kann als Hinweis darauf gelesen werden, dass es sich hier um durchaus reflektierte und nüchterne Beobachtungen handelt, die deshalb als umso stichhaltiger gelten können. Immerhin jeweils 14% der befragten Eltern schreiben dem JekiSti-Projekt eine positive Wirkung auf die Schulbegeisterung, die Sprachentwicklung und die Konzentrationsentwicklung der Kinder zu.

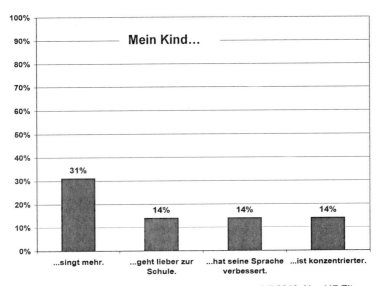

Abbildung 2: Welche Veränderungen gibt es durch JeKiSti? – Wahrnehmung der Eltern

Wenn dem Gesangsunterricht nicht von allen befragten Eltern Transferwirkungen zugeschrieben werden, so hat er dennoch auch für die Eltern als Selbstzweck durchaus seine Berechtigung als Unterrichtsfach in der Grundschule. Fast 100% der befragten Eltern befürworten eine Fortführung des Gesangsunterrichts – unabhängig davon, ob sie diesem nun eine unmittelbare, deutlich erkennbare Auswirkung auf die Entwicklung ihrer Kinder zusprechen oder nicht. Lange nicht jedes Elternteil, das sich Gesangsunterricht für sein Kind wünscht, legitimiert diesen Wunsch mit der Hoffnung auf bestimmte, direkt ersichtliche Auswirkungen auf das Kind. Man könnte daraus schlussfolgern, dass Eltern durchaus die Eigenständigkeit von musikalischer Bildung und musikalischer Förderung wertschätzen – unabhängig davon, ob dadurch aus ihrer Sicht eventuell zusätzlich wünschenswerte Nebeneffekte erzielt werden, oder nicht.

Man kann die mit der Einschätzung der Lehrerinnen übereinstimmende positive Projektwahrnehmung der Eltern als ein Indiz dafür sehen, dass die Beobachtungen einen tatsächlichen Einfluss des Gesangsunterrichts auf die Kinder dokumentieren und es sich dabei nicht – wie skeptische Zungen behaupten mögen – um bloßes „wishfull thinking" der involvierten Lehrerinnen handelt. Vor allem aber die Kinder selbst als direkt Betroffene geben Zeugnis von den Auswirkungen des Projekts: Die Aussagen der Kinder lassen sich nämlich überraschend genau den von den Lehrerinnen genannten Erträgen zuordnen. Die Selbsteinschätzung ihrer Entwicklung im Laufe des JeKiSti-Unterrichts äußern die JeKiSti-Kinder wie folgt:

„Ich bin irgendwie netter geworden." (m[3])

„Morgens bin ich manchmal noch verschlafen. Und bei JeKiSti macht man so viel mit Bewegungen und dann bin ich einfach fitter und kann die anderen Sachen auch besser bearbeiten." (w)

„Ja ich glaube ich singe jetzt mehr, weil jedes Mal, wenn ich von der Schule zurück nach Hause gehe, singe ich ganz viel." (w)

„Am Anfang war hier der kleine F. nicht so gut im Singen doch jetzt hat der sich reichlich gut verbessert." (m)

„Hat sich durch JekiSti etwas verändert? Nee, eigentlich nicht. Nicht mit den Lehrern – aber mit der Stimme. Also dass ich höher und tiefer singen kann." (m)

---

[3] m = männlich, w = weiblich

JeKiSti im Unterricht: Motivation und Fortbildung für die Lehrerinnen

Auf der Unterrichtsebene ließen sich aus den Aussagen der Befragten die Professionalisierung des Musikunterrichts, eine informelle Lehrerfortbildung und Innovationen in der Unterrichtsstruktur als Erträge des JeKiSti-Projekts herausarbeiten. Durch den Einsatz der GesangspädagogInnen findet in weiten Teilen eine Professionalisierung des Musikunterrichts im Bereich Gesang statt, da eine Vielzahl der Grundschullehrer nicht über eine entsprechend differenzierte musikpädagogische Ausbildung verfügt. Die befragten Lehrerinnen haben in der Zusammenarbeit mit den meisten beurteilten GesangspädagogInnen deren authentische Begeisterung für Gesang und Musik sowie deren kompetente, kindgerechte Vermittlung von Musikwissen und Gesangsübungen schätzen gelernt. Abbildung 3 gibt einen Überblick über die Bewertung der GesangspädagogInnen durch die Lehrerinnen in unterschiedlichen Bereichen.

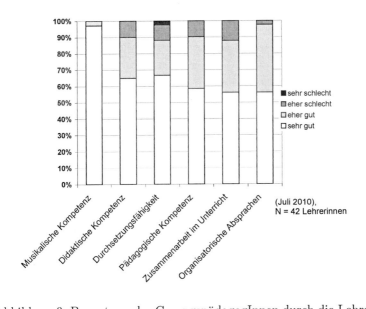

Abbildung 3: Bewertung der GesangspädagogInnen durch die Lehrerinnen

Sicherlich basiert auf diesen Erfahrungen auch die Tatsache, dass sich von den schriftlich befragten Lehrerinnen 86% dafür aussprechen, Gesang an der Grundschule auch künftig von professionellen externen GesangspädagogInnen unterrichten zu lassen. Lediglich 20% dieser Lehrerinnen trauen sich zu, auch ohne externe Unterstützung guten Gesangsunterricht geben zu können. Die überwiegende Präferenz für die Zusammenarbeit mit gesangspädagogischen „Profis" ist allerdings keineswegs als eine generelle „musikpädagogische Bankrott-Erklärung" der Lehrerinnen zu verstehen, sondern spiegelt vielmehr die Haltung wieder, dass Schüler wie Lehrerinnen durch eine Öffnung der Schule von den Kompetenzen externer „Spezialisten" profitieren können.

> „Ich glaube ja, dass die musikalische Ausbildung der Kinder so eben noch an Qualität dazu gewinnt." (L).

Hier ist anzumerken, dass die meisten Lehrerinnen Musik ohne musikpädagogische Ausbildung unterrichten, nur drei der schriftlich befragten Lehrerinnen geben an, Musik im Studium als Fach belegt zu haben. Die weiteren eigenen Erfahrungen der Lehrerinnen mit Gesang und Musik speisen sich aus persönlichen Interessen wie privatem Instrumentunterricht, dem Singen in einem Chor, oder aber auch einfach aus der Freude am Singen „im Haushalt oder beim Autofahren" (L). 27 % der befragten Lehrerinnen geben an, bisher nicht einmal im privaten Bereich eigene Erfahrungen mit Gesang oder Musik gemacht zu haben. Im Extremfall leistet der JeKiSti-Unterricht also eine Kompensation der musikalischen Ausbildungsdefizite bei den Lehrerinnen. Zwar sieht sich der überwiegende Teil der befragten Lehrerinnen auch ohne musikpädagogische Spezialisierung durchaus in der Lage, regulären Musikunterricht zu geben, dieser unterscheide sich dann aber deutlich in der Qualität und Intensität des Unterrichtsangebots.

Vor allem die Lehrerinnen, die fachfremd Musik unterrichten, sehen daher die Zusammenarbeit mit den GesangspädagogInnen auch als eigene informelle Fortbildung an.

> „Einem Grundschullehrer, der keine Musik als Fach studiert hat und aber Musik unterrichten muss, würde das nicht so leicht fallen und der würde das vielleicht auch

nicht so kompetent vermitteln. Und insofern ist das eine Bereicherung für den Lehrer, der mit jemandem zusammenarbeitet, der sich da sehr gut auskennt." (L)

„Es ist eine andere Sache, wenn jemand von der Musikschule von der Pike auf in diesem Fach tätig ist und eine ganz andere Erfahrung auch mitbringt für die Kinder und dann ist es eben auch praktisch wie eine Fortbildung für den entsprechenden Lehrer. Denn man schaut sich ja unheimlich viel ab." (L)

Musik und musische Bildung – Mittel zum Zweck oder Selbstzweck?

Im Anschluss an die „Bastian-Studie" zur Auswirkung von Instrumentalunterricht auf die Entwicklung von Schulkindern hat es einen Boom von pointiert formulierten Erwartungen im Sinne von „Mozart macht schlau" gegeben. Auch der Gesangsunterricht muss sich nicht zuletzt aufgrund von teilweise hohen Erwartungen bezüglich der Transferwirkung von musikalischer Aktivität auf die kognitive Entwicklung von Kindern der Frage stellen, wie er von den Beteiligten wahrgenommen wird und wie er gerne wahrgenommen werden würde. Selbst wenn tatsächlich Auswirkungen des Singens zum Beispiel auf die Konzentrationsfähigkeit von Kindern festgestellt werden können – welcher Stellenwert wird dem Singen selbst zugeschrieben? Um die generelle Einstellung der Eltern zum Wert musischer Bildung in der Schule zu untersuchen, haben wir diese gebeten, einem von zwei unterschiedlichen Statements zu musischer Bildung zuzustimmen. Statement A betonte dabei die Rolle von musischer Bildung als „Mittel zum Zweck" der Förderung von Kognition und Sekundärtugenden. Statement B betonte die Bedeutung von musischer Bildung als Selbstzweck. Die Eltern von zwei verschiedenen Schulen unserer Stichprobe bewerten diese Statements recht unterschiedlich (vgl. Abb. 4): Fast die Hälfte der befragten Eltern von Kindern der Schule 2 erhoffen sich vom Musik- und Gesangsunterricht unter anderem auch die Förderung von Konzentrationsvermögen und Disziplin und damit einen Nutzen für das spätere Arbeitsleben ihrer Kinder. Bei den Eltern der Kinder von Schule 1 hingegen stimmt dem Statement

„Musik als Mittel zum Zweck" nur knapp ein Viertel der Befragten zu.

Person B:

„Musik und Kunst sollten nicht nach ihrer Verwertbarkeit für den Arbeitsmarkt beurteilt werden. Die Schule sollte für alle Kinder musische Angebote machen – weil Musik und Kunst einfach zum Leben dazu gehört."

Person A:

„Durch Musik und Gesang können Kinder prima Konzentration und Disziplin üben. Darum brauchen wir musischen Unterricht in der Schule: Weil die Kinder dadurch einen Nutzen für andere Fächer und das spätere Arbeitsleben haben."

November 2009, N = 63 Eltern
von zwei der befragten Schulen

Abbildung 4: „Musik und Gesang – Mittel zum Zweck oder Selbstzweck? Haltung der Eltern"

Im Gegensatz zur Schule 1 befindet sich Schule 2 in einem „sozialen Brennpunkt". Diese Information lässt die Vermutung zu, dass den Eltern der Kinder von Schule 2 in einem stärkeren Maße daran gelegen ist, die Zukunft ihrer Kinder durch eine Schulausbildung zu sichern, die sich an den Anforderungen des Arbeitsmarktes orientiert – und dass in diesen Fällen musische Bildung als Selbstzweck eher als „Bonbon" angesehen wird. Auch in den Freizeitaktivitäten zeigt sich ein Unterschied bei den Kindern der beiden miteinander verglichenen Schulen: Bei den Kindern der „Brennpunkt-Schule" finden sich nach Angaben der befragten Eltern im Vergleich zu den Kindern von Schule 1 in einem wesentlich geringeren Maße Freizeitaktivitäten wie Instrumentalunterricht, Musikschulbesuch oder Teilnahme an einem Kinderchor (Vergleiche Abb. 5).

Keinen Unterschied zwischen den beiden verglichenen Schulen gibt es allerdings beim Wunsch der Eltern nach Fortführung des Gesangsunterrichts. Die Aussage „Ich möchte, dass mein Kind auch im nächsten Schuljahr ergänzenden Gesangs- und Instrumentalunterricht durch

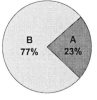

Person B:

„Musik und Kunst sollten nicht nach ihrer Verwertbarkeit für den Arbeitsmarkt beurteilt werden. Die Schule sollte für alle Kinder musische Angebote machen – weil Musik und Kunst einfach zum Leben dazu gehört."

Person A:

„Durch Musik und Gesang können Kinder prima Konzentration und Disziplin üben. Darum brauchen wir musischen Unterricht in der Schule: Weil die Kinder dadurch einen Nutzen für andere Fächer und das spätere Arbeitsleben haben."

November 2009, N = 63 Eltern von zwei der befragten Schulen

Abbildung 5: Freizeitaktivitäten der Kinder – nach Angabe der Eltern

das Projekt erhält" beantworten im November 2009 die befragten Eltern an Schule 1 zu 100% mit „ja" oder „eher ja" und die Eltern an Schule 2 zu 97% mit „ja" oder „eher ja". Die Tatsache, dass die Eltern der Kinder an der befragte Brennpunkt-Schule sich fast ausschließlich eine Fortführung des Gesangsunterrichts wünschen, legt den Schluss nahe: Gerade weil mit dem Projekt „Jedem Kind seine Stimme" auch Kinder aus „kulturfernen" Familien erreicht werden und Gesangsunterricht dort auf hohe Akzeptanz trifft, kann das JekiSti-Angebot als wichtiger Beitrag zur Chancengleichheit im musischen Bereich angesehen werden.

Literaturangaben

[1] Bastian H G (2000) Musik (-erziehung) und ihre Wirkung. Eine Langzeitstudie an Berliner Grundschulen. Mainz

[2] Schumacher R et al. (2006) Macht Mozart schlau? Die Förderung kognitiver Kompetenzen durch Musik. Bildungsforschung Band 18, hrsg. vom BMBF. Bonn, Berlin

[3]   Schumacher R et al. (2009) Pauken mit Trompeten. Lassen
       sich Lernstrategien, Lernmotivation und soziale Kompeten-
       zen durch Musikunterricht fördern? Bildungsforschung Band
       32, hrsg. vom BMBF. Bonn, Berlin

[4]   Weitenberg Ch (2006) Macht uns Mozart wirklich schlauer?
       In: alla breve, Magazin der Hochschule für Musik Saar, 11.
       Jahrgang, Nr.1, April 2006, S.29/30, zitiert nach:
       http://www.komponistenforum.de/
       macht-uns-mozart-wirklich-schlauer-3f-_157.html

Kinderoper mit Kindern - Möglichkeiten und Grenzen aus sängerischer und stimmärztlicher Sicht[1]

CHRISTOPH ROSINY / WOLFRAM SEIDNER

Einleitung

Rosiny: Stellen Sie sich vor, Sie sind 12 Jahre alt, stehen auf einer Opernbühne, Ihre Schulklasse sitzt in der ausverkauften Kinderopernvorstellung vor Ihnen, und Sie sollen nun in vollem Scheinwerferlicht unter Begleitung eines Profiorchesters eine kleine Arie zum Besten geben.

Bei diesem Gedankenspiel wird uns als Erwachsenen vermutlich ganz anders zumute. Einwände kommen einem in den Sinn, die Opernbühne sei doch viel zu groß, das Orchester viel zu laut, der Saal viel zu weitläufig und die Kinderstimme viel zu klein dafür. Wie ist es dennoch möglich, Kinderoper mit Kindern auf professionellem Niveau zu realisieren, das einem Opernhaus angemessen ist?

In den letzten Jahren sind immer mehr Opernhäuser dazu übergegangen, das Genre Kinderoper an ihrem Haus zu erweitern als *Kinderoper mit Kindern für Kinder.* Zunehmend werden mangels geeigneter zeitgemäßer Werke Kompositionsaufträge von Opernhäusern an Komponisten und Librettisten vergeben. An der Komischen Oper Berlin wurden die beiden Kinderchorleiter Christoph Rosiny und Jane Richter in die Planung von Kinderopern einbezogen und konnten den Komponisten ihre Erfahrungen, die mittlerweile auf zehn Jahre angewachsen sind, zu Möglichkeiten und Grenzen im Einsatz des Kinderchores in Kinderopern mitgeben. Kinder aus dem Kinderchor treten neben den abendlichen Erwachsenenopern in eigens für sie komponierten Kinderopern wie *Pinocchio* und *Die Schneekönigin* (Pierangelo Valtinoni) oder *Robin Hood* (Frank Schwemmer) als

---

[1]Die Thematik wurde während des Symposiums in Form eines Wechselgespräches vorgetragen und durch eindrucksvolle Videobeispiele von Inszenierungen an der Berliner Komischen Oper ergänzt.

Chor wie auch solistisch neben erwachsenen Hauptdarstellern auf der großen Bühne auf - nicht auf Probebühnen oder in Foyers, wie dies mehrheitlich an anderen Opernhäusern geschieht.

Sowohl kindliche Choristen als auch Solisten leisten auf der Opernbühne Ähnliches wie erwachsene Sänger

Rosiny: Die künstlerische Vielfalt von Oper stellt ebenso weitreichende Anforderungen an die kindlichen Opernsänger wie an die erwachsenen, voll ausgebildeten Sänger. Die mehrstimmigen Chorpartien sind seltener durchkomponierte, in sich geschlossene Szenen, sondern meist Opernszenen im komplizierten Wechsel von Chor und Solisten, oft erweitert durch Unterbrechungen und spontan wirkende Einwürfe, die eine dramatische Spannung der Szene erhöhen. Neben den mehrstimmigen Chören erfordern Solopartien bei Kindern ein erhöhtes Stimmvolumen, eine besondere Spann- und Ausdruckskraft, um der Orchesterbegleitung standhalten zu können.

Zu den stimmlichen Anforderungen kommen zusätzliche Belastungen durch schauspielerische Aktivitäten, die oft unbequemen Kostüme, durch Maske, blendendes Scheinwerferlicht und natürlich das Lampenfieber. Eine wesentliche Herausforderung stellt für junge Opernsänger die Orientierung auf der großen Bühne dar, denn während der gestische und sängerische Fokus zum Publikum bis hinauf zum zweiten Rang gerichtet sein muss, ist der möglichst unauffällige Blickkontakt zum Dirigenten für ein gemeinsames Musizieren unabdingbar.

Gibt es stimmärztliche Aspekte bei kindlichen Opernsängern?

Seidner: Die großen Dimensionen von Bühne und Zuschauerraum und die vielfältigen Anforderungen während einer Opernaufführung müssen auch körperlich und psychisch gemeistert werden, denn das wirkt sich stimmlich unmittelbar aus. Eine solide stimmtechnische Schulung auf der Basis unverkrampfter körperlicher Beweglichkeit und eines angemessenen Ausdrucksverhaltens ist die beste Voraussetzung dafür, dass die Kinderstimmen den besonderen Belastungen gut gewachsen sind und nicht überfordert werden oder gar erkranken.

Auch wenn Volumen, Klangfähigkeit und Stabilität der kindlichen Singstimme geringer sind als bei Erwachsenen, so sind Kinder doch auch recht gut belastbar. Allerdings stoßen sie rasch an Leistungsgrenzen, und zwar nicht nur stimmlich, sondern auch körperlich und psychisch. Das sollten künstlerische Leiter bei intensiver Probenarbeit mit gesteigerten szenischen Aktivitäten unbedingt beachten.

Stimmausbildung an der Berliner Komischen Oper

Rosiny: Umso wichtiger wird hierfür eine kontinuierliche Ausbildung der Kinderstimme ab etwa Beginn der Schulzeit, die sich über Jahre erstreckt und Voraussetzung wie Garant für Qualität und Gesundheit der Stimme ist. Die Ausbildung wie sie an der Komischen Oper Berlin stattfindet, soll hier als ein Beispiel kurz umrissen werden.

Musikalisches, stimmliches Talent sowie Bewegungs-, Ausdrucks- und Koordinationsvermögen und -willen werden bei den Fünf- bis Sechsjährigen bereits während des Aufnahmesingens getestet. Qualität entsteht durch Zeit und Kontinuität der Ausbildung sowie durch individuelle Förderung und die Begrenzung an Masse. In der Regel durchlaufen die Kinder eine bis zu zehnjährige Ausbildung ihrer Stimme, ihres Bewegungsapparates und ihrer darstellerischen Ausdrucksfähigkeit, bevor sie als Jugendliche - bei den Jungen oft früher bedingt durch den Stimmwechsel - vom Opern-Kinderchor in andere Jugendchöre oder den Einzelgesangsunterricht wechseln beziehungsweise aufhören. Aus der Erfahrung einer langjährigen engen Zusammenarbeit zwischen mir und meiner Stellvertreterin Jane Richter, die auch als Chorsolistin an der Komischen Oper tätig ist und jedem Kind in regelmäßigen Abständen Einzelstimmbildung in Form von Einzelgesangsunterricht erteilt, hat sich ein Ausbildungskonzept entwickelt, in dessen Mittelpunkt die Beobachtung, behutsame Begleitung und gemeinsame Ausbildung und das Training der individuellen Kinderstimme steht.

Grundlage für die erfolgreiche Mitwirkung bei szenisch-sängerischen Opernauftritten bieten Auftritte in Konzerten auch auf der großen Opernbühne, in denen neben der sängerischen Schulung - bis hin zu zeitgenössischem A-cappella-Gesang - die Kinder Bühnenerfahrung mit choreographierten Liedern vom Kinderlied bis zu Musicalmelodien und Songs sammeln. Zusammengefasst zielt die Ausbildung auf eine Stärkung der Stimme, der Ausdrucksfähigkeit und des Selbstbewusstseins der Kinder.

Können singende Kinder ihre Stimm- und Körperfunktionen miteinander verbinden?

Seidner: Bei Kindern besteht wie bei Erwachsenen eine Einheit zwischen Körper und Stimme, die auch bewusst wahrgenommen und stabilisiert werden muss, denn jede stimmliche Äußerung basiert auf bestimmten, sehr differenziert ablaufenden Körperfunktionen. Nur sollte die stimmtechnische Schulung bei kindlichen Opernsängern nicht primär von der Stimme ausgehen wie das im traditionellen klassischen Gesang meist geschieht, sondern von der Körperlichkeit des Singens. Mit Körperlichkeit ist natürlich nicht nur die Wahrnehmung bestimmter Körperspannungen oder Atembewegungen gemeint, sondern das Ausleben eines Bewegungsdranges, der auf die Bühnenpraxis gerichtet ist, dabei Gestik und Mimik einschließt und gleichzeitig ein ausdrucksvolles Singen befördert.

Beim künstlerischen Singen geht es sowohl bei Erwachsenen wie bei Kindern im Grunde um eine Feinabstimmung zwischen Körperspannung und Bewegung, Atmung, Stimmerzeugung und Klangaufbau bzw. Klangentfaltung der Stimme, wobei die Störanfälligkeit dieses Systems überwiegend vom Grad der stimmtechnischen Schulung abhängt. Je besser eine Stimme technisch geschult ist, desto verlässlicher funktioniert sie während der Bühnenaktionen mit ihren vielfältigen szenischen Anforderungen. Dass dabei eine verständnisvolle Abstimmung zwischen Stimmbildner, Chorleiter und Regisseur bzw. Dirigent die Kinderstimmen wesentlich stabilisieren kann, steht zweifelsfrei fest.

Rosiny: Die Kinderoper „Die Schneekönigin" von Pierangelo Valtinoni hatte im Herbst 2010 ihre Uraufführung an der Komischen Oper Berlin. Hier war in besonders eindruckvoller Weise zu erleben, wie bewegungsintensive, teilweise sogar choreographierte Szenen sowohl von den kindlichen Choristen als auch den Solisten sängerisch hervorragend realisiert worden sind. Interessant war auch die musikalische Abstimmung der Gesangspartien, wo z.B. natürliche Defizite in der

Klangfähigkeit von tiefen Kindertönen durch die stärkere Klangentfaltung von Erwachsenenstimmen ausgeglichen worden sind.

Die überzeugende Spannung und Aussagekraft choreographierter Szenen wird visuell durch große körperliche Gestik hergestellt, inhaltlich durch sehr gute Textverständlichkeit, die auch der Inszenierung von Szenen vorn nahe dem Orchestergraben in einem nach hinten begrenzenden Bühnenbild zu verdanken ist, und klanglich durch überwiegend einstimmigen melodischen und rhythmisch akzentuierten Gesang. Allgemein lässt sich postulieren, dass insbesondere Kinder so inszeniert und choreographiert werden sollten, dass der Gesang durch die Bewegung unterstützt und nicht behindert wird, was selbstverständlich eine enge Zusammenarbeit zwischen Chorleiter und Choreograph / Regisseur notwendig macht.

Behindert die in der Oper notwendige Textverständlichkeit die Klangentfaltung der Stimme?

Rosiny: Textverständlichkeit ist ein vorrangiges Erfordernis in der Oper, insbesondere in der Kinderoper mit kindlichem, meist ungeschultem Publikum. Nur übertrieben deutliche Diktion kommt über den Orchestergraben beim Publikum an.

Seidner: Textverständlichkeit und Klangentfaltung der Stimme können sich behindern, vor allem dann, wenn eine überdeutliche, ja sogar forcierte Deklamation in tiefer Lage die Stimmfunktion derart isoliert, dass ein leichtes, klangvolles und „kopfiges" Singen erschwert oder gar unmöglich wird. Außerdem ist zu bedenken, dass aus rein akustischen Gründen bei hohen Tönen eine deutliche Aussprache nicht möglich ist, weil sich die Formantstruktur, die für eine deutliche Vokalartikulation notwendig ist, verändert. Die Lösung des Problems kann nur darin bestehen, durch ein gezieltes Stimmtraining zu erreichen, dass bei deutlicher Deklamation in der Tiefe die stimmliche Klangfähigkeit erhalten bleibt und dass beim Singen in der Höhe die klangliche Präsenz, der „Kopfklang" Vorrang vor einer überdeutlichen Artikulation hat. Schreien oder Rufen sollten in gleichem Sinne geübt werden, also nicht bloß überspannt und gepresst, sondern klangorientiert ähnlich dem Singen. Meist führt ein zu wenig klangorientiertes Deklamieren, Rufen und Singen rasch zu übermäßigem Atemdruck und zu starker Kehlkopfspannung und nachfolgend zu Stimmschädigungen, die dann weder rasch noch leicht zu behandeln sind.

Rosiny: Es scheint mir in der täglichen sängerischen Arbeit mit Kindern im Hinblick auf Oper besonders wichtig, Lust am Formulieren zu wecken. Neben gezielten Sprechübungen und Liedern mit lustigen Texten bietet Oper den Darstellern die Chance, aus seiner Rolle heraus sein Gegenüber anzuspielen, anzusprechen und schließlich anzusingen. Wenn Kinder gelernt haben, rhythmisch präzise, mutig einsetzend mit dem Dirigenten zu singen, ist Textverständlichkeit umso eher gewährleistet.

Seidner: Werden auffällige Schwierigkeiten bei der Lautbildung bemerkt, so sollte nicht gezögert werden, phoniatrische Diagnostik und nachfolgend logopädische Hilfe in Anspruch zu nehmen.

Rosiny: Für die kindliche Solostimme ist es viel problematischer, gegen die Klangentfaltung eines erwachsenen Bühnensolisten und den Orchesterklang anzukommen.

Ist elektronische Verstärkung von Kinderstimmen erforderlich?

Seidner: Auch mit einem intensiven und länger dauernden Stimmtraining bei Kindern ist es nicht möglich, die Schallkraft erwachsener Opernsänger zu erreichen und die stimmliche Tragfähigkeit und Durchschlagskraft soweit zu entwickeln, dass ein Opernorchester, auch wenn es klein ist, klanglich „überstrahlt" werden kann und die Stimme für größere Räume ausreicht. So ist eine elektronische Verstärkung auf der Bühne für kindliche Opernsolisten unverzichtbar.

Welche Grenzen markieren sich zwischen stimmlichen Höchstleistungen und Überforderungssituationen? Welche Maßnahmen zur Gesunderhaltung der Kinderstimmen sind erforderlich?

Seidner: Das Singen aus sehr heftigen Bewegungen heraus oder mit gesteigertem Ausdruck kann unter der Anspannung hohen und lauten Singens rasch in stimmschädigende Grenzbereiche vorstoßen. Allerdings ist künstlerisches Singen auch nicht unter der ständigen Angst

vor einer möglichen Stimmerkrankung möglich, sondern muss weitgehend unbelastet mit forschen, schwungvollen und unbekümmerten
Aktionen einhergehen. Das Hauptproblem besteht in Überlastungen,
die im Einzelfall von der Konstitution, der körperlichen und psychischen Verfassung und vor allem dem Grad der stimmtechnischen
Schulung abhängen, beispielsweise, wie ein häufiger Wechsel zwischen
Sprechen und Singen bewältigt wird. „Normwerte" anzugeben ist
dabei unmöglich. Als stimmliche Überlastungszeichen gelten z.B.:
deutlich sichtbare und hörbare Anstrengungen beim Singen, Deto-
nieren mit Nachlassen der Klangfähigkeit („Kopfigkeit") der Stimme, starke Verschleimung mit häufigem Räuspern, schließlich Heiserkeit. Zunächst liegt die Verantwortung bei den Leitern von Chor und
Stimmbildung, natürlich auch bei Regisseuren und Dirigenten, aber
bei wiederholt auftretenden oder gar chronischen Problemen sollte
diese Verantwortung an Phoniater oder HNO-Ärzte weitergegeben
werden. Es ist empfehlenswert, dafür einen festen ärztlichen Partner an das Ensemble zu binden, der in die künstlerische Arbeit auch
„emotional integriert" wird und für Konsultationen praktisch sofort,
d.h. innerhalb von 1-2 Tagen zur Verfügung steht.

Rosiny: Insbesondere zu Beginn der szenischen Probenphase laufen
die Kinder Gefahr, sich mangels Konzentration auf das stimmlich
Erlernte „fest" zu singen. Regisseure wünschen sich in der Regel von
Anfang an die volle Energie und Ausdruckskraft der Kinder und besitzen kaum Erfahrung mit der Belastbarkeit von Kinderstimmen. Hier
sind Chorleiter und Stimmbildner gefordert, eine Balance zwischen
Expressivität und stimmschonendem szenischen Proben herzustellen.

Seidner: Zur Gesunderhaltung von kindlichen Sängern kann wesentlich beitragen, wenn an eine richtige Klassifizierung der Stimmgat-
tung gedacht wird und z.B. Soprane in der Prämutationsphase mit einer beginnenden Heiserkeit nicht einfach in der Altlage forciert eingesetzt werden. Außerdem verdienen die stimmlichen Anforderungen in
der Schule und zu Hause Beachtung und verlangen ein gewisses „Leben für die Singstimme". Dass der Stimmgebrauch der Mitmenschen
in diesen Lebensbereichen von den Kindern positiv oder negativ angenommen wird, versteht sich von selbst. Er verdient Aufmerksamkeit.

Was müssen Komponisten von Kinderopern beachten?

Rosiny: Komponisten haben den größten Einfluss auf das gute Gelingen einer Kinderoper und sollten ihre Werke den Kindern „auf den Leib schreiben".

Seidner: Grundkenntnisse über die Funktionen der kindlichen Singstimme sind zweifellos erforderlich, wenn man von vornherein stimmliche Überforderungen oder Entgleisungen vermeiden will. Insbesondere sollte die natürliche Klangfähigkeit in der „Kopfstimmfunktion" ausgenutzt und nicht durch überhöhte Anforderungen an die Deklamation, auch nicht in tiefer Lage, also in der „Bruststimmfunktion", weggedrückt werden. Andererseits ergibt sich, dass die Klangentfaltung in der Tiefe bei Kindern nur eingeschränkt möglich ist und die Spitzentöne, d.h. die Töne im oberen Bereich der Tessitur mit ihrer höheren Grundspannung, nicht unbegrenzt häufig eingesetzt werden dürfen. Etwas simpel ausgedrückt bedeutet dies, dass Komponisten nicht an den Möglichkeiten und Grenzen kindlicher Stimmfunktionen vorbei komponieren sollten, sondern viel besser „maßgeschneidert". Die Mühe, z.B. durch die Teilnahme an Stimmbildungsunterricht und Kinderchorproben, ist relativ gering, der Erfolg aber enorm.

Welches Fazit ist aus stimmärztlicher Sicht für die gemeinsame Arbeit mit kindlichen Opernsängern zu ziehen?

1. Stimmbildung für kindliche Opernsänger - natürlich nicht nur in Form des Einsingens! - ist sowohl für die künstlerische Arbeit hilfreich als auch für die Gesundheit und Leistungsfähigkeit der Stimme.

2. Stimmärztliche und logopädische Partner sollten in die Chorarbeit eingebunden werden, nicht nur bei diagnostischen und therapeutischen Erfordernissen, sondern vor allem auch für die Betreuung der Kinder und die Gesunderhaltung ihrer Stimmen.

Rosiny: Kinderopern mit Kindern zu inszenieren - ob auf kleineren Bühnen oder einer großen Opernbühne - stellt meist eine besondere und vor allem lustvolle Herausforderung dar. Opernhäuser sind in der Verantwortung, professionell arbeitende Stimmbildner für die Ausbildung der Kinder und Jugendlichen bereit zu stellen, um die

Stimmen für die spezifischen Bühnenanforderungen aufzubauen und dabei gesund und leistungsfähig zu erhalten.

Literaturangaben

[1]   Mohr A (1997) Handbuch der Kinderstimmbildung. Schott, Mainz etc.

[2]   Seidner W (2008) Konzert- und Opernsolisten im Kindes- und Jugendalter - was hält eine Stimme aus? In: Fuchs M (Hrsg) Stimmkulturen, Kinder- und Jugendstimme Band 2. Logos, Berlin, S. 69-77

[3]   Seidner W, Dippold S, Fuchs M (2009) „Stimmklanglauschen" und Hörtraining mit Kinder- und Jugendstimmen. In: Fuchs M (Hrsg) Stimmkulturen, Kinder- und Jugendstimme Band 3. Logos, Berlin, S. 133-148

[4]   Seidner W (2010) Kinderchöre auf der Opernbühne - Bewegung, Ausdruck und Stimme in einem? In: Fuchs M (Hrsg) Stimmkulturen, Kinder- und Jugendstimme Band 5. Logos, Berlin, S. 147-154

[5]   Seidner W (2010) ABC des Singens. Henschel, Berlin

[6]   Wieblitz Ch (2007) Lebendiger Kinderchor - kreativ, spielerisch, tänzerisch. Fidula, Boppard a.R.

Oper? – Kinder? – Opernkinder? Kinderopern! Einblicke in das Training eines Kinderopernchores

Jane Richter / Christoph Rosiny

Das Genre Oper vereint Stimme-Körper-Bewegung als Kunstform. Kinderopern, in denen Kinder die sängerischen Hauptakteure sind, stellen ganz besondere Herausforderungen an den Opernkinderchor, die eine kontinuierliche Ausbildung der Einzelstimme notwenig machen. In einem Workshop wurde mit neun Kindern im Alter von 9-14 Jahren vom Kinderchor der Komischen Oper Berlin Einzelstimmbildung demonstriert. Wir gaben Einblicke in die Arbeit zum Erlernen der klassischen Gesangstechnik in Verbindung mit Bühnenpräsenz, Ausdruck und körperlichem Koordinationsvermögen mit dem besonderen Ziel, Kinderopern von Kindern singen zu lassen.

Mit dem deutschen Volkslied „Im Frühtau zu Berge" zeigten die Kinder im Durchschreiten eines großen Raumes, welche Besonderheiten das Chorsingen auf der Bühne darstellt. Es geht um die sich ständig verändernde Akustik im Zusammenhang mit den sich verändernden Raumbedingungen und dem Rhythmus der Gehbewegung, der nicht unbedingt zum Gesang passt. Dann folgte eine Gesangstunde mit folgenden Unterrichtssituationen: Einsingen, Singen in unterschiedlichen Körperhaltungen, Singen mit Choreographie, Singen und Sprechen im Wechsel sowie Ausdrucksschulung. Dabei wurde auch deutlich, welche Vielfalt an gut singbarer Kinderliedliteratur zur Verfügung steht.

Folgende Lieder wurden gesungen: Rätsellied (C.Reinecke), Gespensterhaus (T: E. Rechlin/M: H.J.Scheurlen), At the river (A. Copland), La-le-lu (H.Gaze), Ich träume mir ein Land (E.Krause-Gebauer/ H.-J.Scheulen), Frühlingslied (F.Schubert), Klein Cosette: Traumschloss aus: Les Miserables (C.-M.Schönberg), Die Frösche (T: J.W.Goethe/M: K.Schwaen), Der König von Thule (K.F.Zelter).

Der spielerische Umgang im Erlernen von Bühnenhandwerk wurde in einigen Spielen zum Vergnügen der Kinder und auch Workshopteilnehmer gezeigt: „Abklatschen" (zum Training von Spontaneität und Kreativität), „Blinder Mönch" (Training von Sensibilität und Verantwortung bei verbundenen Augen), „Knetmännchen" (zum Training von Ausdruck und Regieführung).

Die Didaktik des populären Gesanges – Anforderungen, Gefahren und Chancen des zeitgenössischen nicht klassischen Gesanges unter besonderer Berücksichtigung der Kinder- und Jugendstimme

SASCHA WIENHAUSEN

> *„Viel hat von Morgen an,*
> *Seit ein Gespräch wir sind und hören voneinander,*
> *Erfahren der Mensch."*
>
> *Hölderlin*

Mit der modernen nicht klassischen Musik haben wir uns daran gewöhnen müssen, mit ungewohnten Klängen konfrontiert zu werden. Regelverstöße und Neuerungen in der Klangästhetik gehen heutzutage meist erst einmal von „unten" aus. D.h. es ist selbstverständlich dass SängerInnen neben ihrer ganz eigenen Sprache im Songwriting auch ein eigenes Sounddesign, also eine eigene Handschrift in Klangfarbe und Qualität entwickeln. Häufig ist dieser persönlicher Sound ein Ergebnis von anatomischen und/oder elektronischen Filtern. Die Möglichkeiten der Klangmodulation durch die verschiedenen Veränderungen im Ansatzrohr stehen den Veränderungen durch Computer und elektronische Filter in nichts nach.

Eine Besonderheit ist die Abkehr vom „Bel Canto" als alleinige Idealvorstellung des gesunden, gesungenen und schönen Tons. Rockmusik hat aggressive, Country sehr nasale, das Musical und der Pop sehr twangige Farben; das Geräusch oder sogar Lärm wurden als wichtige Faktoren entdeckt, um herkömmliche Klangstrukturen aufzulösen, zu hinterfragen oder sogar zu zerstören. Die Zerlegung von Klängen in ihre geräuschhaften Bestandteile spielt zwar auch in der zeitgenössischen E-Musik eine wichtige Rolle, sucht aber im vokalen klassischen Bereich meistens einen Kompromiss mit den Ideal des Belcanto.

Die Konfrontation der klassischen Gesangspädagogik mit diesen Phänomenen stellt uns vor eine Reihe zu lösender Aufgaben. Die

Problematik der Wahrnehmung bildet nur den Anfang für die Arbeit eines Gesangpädagogen. Während die medizinische Diagnostik noch eindeutig pathologische Zustände im Vokaltrakt erkennen kann, wird die Frage nach der Ästhetik im Gesundheitsbegriff des Pädagogen eklatant. Die Abkehr vom schönen Ton hin zu einer breiteren Palette an Ausdrucksmöglichkeiten führt schnell zu Irritationen. Wie sollen diese eingeordnet werden, wenn deren Wahrnehmung schon Probleme aufzeigt. Oft sind diese Irritationen dazu auch noch mehrfach deutbar. Hauchige Klangstrukturen werden im Unterricht sehr schnell als „wilde Luft", Verengungen als zu hoher subglottischer Luftdruck und effektartige Geräusche des oberen Ansatzrohres als krankhaft eingestuft. Diese Diagnosen können richtig sein, müssen aber nicht. Eine luftige Qualität kann eine katalytische Kraft besitzen und Effekten des Ansatzrohres wohnt eine sehr eigene Flexibilisierungsstruktur inne.

Grundsätzlich gilt: Je größer die Vielfalt an Voraussetzungen und Befähigungen, desto besser sind Jugendliche und Kinder für Kreativität im Bereich der Musik ausgestattet. Nicht unähnlich den herausragenden Leistungen kreativer Sänger im Erwachsenenbereich entwickelt sich auch die musikalische Kreativität von Jugendlichen und Kindern nicht als etwas Solitäres, nur den Einzelnen betreffenden, sondern in Solidarität mit anderen in Zusammenhang mit dem eigenen und dem gesellschaftlichen Netzwerk. Neben der individuellen Welt des Jugendlichen, spielt auch die soziale Welt eine große Rolle und muss mit ihrer Dynamik in den kreativen Prozess eingebunden werden. Popmusik hat in diesen Welten eine bedeutende und prägende Rolle und muss in das kreative Spiel einbezogen werden. Dieses Spiel hat für junge Menschen viel eher eine existenzielle denn eine triviale Komponente. Diese Dimension ist unabhängig vom Genre.

Der Atractors State

Eine wichtige Frage im ersten Kontakt mit Schülern im popularen nicht klassischen Gesang ist die Frage nach der persönlichen Handschrift; dem „Atractors State". Ist der erzeugte Sound einer individuellen Klangvorstellung geschuldet oder ist er lediglich imitiert. Es ist völlig eindeutig, dass imitierte Klangvorstellungen keinen Atractors State darstellen. Ebenso wie die Klangfarbe einer Stimme ihrer genetischen Veranlagung geschuldet ist, so ist beim bevorzugten musikalischen Stil die Sozialisation oder die eigene ästhetische Ausbildung von großer Bedeutung. Da gerade Kinder und Jugendliche aber Imitationskünstler sind, kommt es häufig zur Kopie des Idols.

In Zeiten von Castingshows wird das zirzensische Element in Gesangsvorträgen häufig in den Vordergrund gerückt. Je jünger, je virtuoser, je beltiger oder brustiger desto besser. Die Begeisterung des Fernsehpublikums gilt immer dem Außergewöhnlichen, nicht der balancierten Stimme. Verglichen mit der Hysterie des Kastratengesanges und seinen Folgen wird jedoch schnell erkennbar, das dieses Phänomen keine Erfindung der „Modern Times" ist. Nicht die U-Musik führt zu Problemen, sondern der falsche Umgang damit. Das Instrument an sich ist neutral, die kulturelle Prägung führt zu einer großen Vielfalt an Möglichkeiten im vokalen Spektrum, der individuellen eigenen vokalen Welt.

Der Prämisse folgend, dass moderne populare Soundstrategien von unten – also aus der Praxis heraus – entstanden sind, begegnen uns viele, auf den ersten Blick, verstörende Gesangstechniken, die von großen Musikern des Pop oder Rock ein Leben lang mit großem Erfolg eingesetzt werden. Wichtig ist zu konstatieren, dass es sich hierbei nicht zwangsläufig um Resultate falschen Stimmgebrauchs handelt. Die Natur des kreativen Sängers ist erfinderisch im Erproben erfolgversprechender neuer Strategien, und gerade Jugendliche und Kinder zeigen hier eine große Vielfalt. Wir können viel lernen vom effizienten Einsatz der überlufteten Qualtität einer Diana Krall oder den virtuosen Vokal-Breaks der irischen Band „Cranberries". Natürlich können alle diese Strategien auch falsch eingesetzt werden, zumal wenn sie unreflektiert imitiert werden. Aber: Diese Fehler klingen anders als wir es bisher gewohnt sind. Es gibt viele Möglichkeiten, gesund Hauch einzusetzen, eine Stimme sehr aggressiv und direkt klingen zu lassen oder einen Sound zu zerstören, ohne dabei dem Instrument Schaden zuzufügen. Der moderne Gesangspädagoge ist aufgefordert, diese Techniken zu erlernen und ihre Fehlerhaftigkeit einzuordnen und zu erkennen, um so unterscheiden zu können, ob es sich um eine Imitation, einen Fehler oder eben einen „Atractors State" handelt.

Die Basis des Modernen nicht klassischen Gesanges

Geht eine Gesangspädagogik von einer neutralen Schulung des Instrumentes aus, nicht einer speziellen Klangästhetik oder Qualität, finden sich selbstverständlich unzählige Gemeinsamkeiten zwischen Pop- und klassischem Gesang und seiner Pädagogik. Alle stimmhygienischen Aspekte, die Schulung der Register, die Aktivierung der individuellen Atmungsstruktur, Körperarbeit, Öffnung der Resonanzräume etc. sind übertragbar. Aber schon im Toneinsatz entstehen die ersten Unterschiede. Während der weiche, simultane Einsatz im klassischen Gesang das erklärte Ziel ist, wird im Pop- oder Musicalbereich aufgrund der Sprachnähe häufig ein glottaler Toneinsatz gewählt; je schwebender der Ton oder die tonale Struktur der Komposition um so luftiger der Beginn des Tones. Auch der „Creak" ist eine beliebte Form des Einsatzes (Creaks werden, ähnlich dem Vocal Fry, durch unregelmäßige Schwingung der Stimmlippen erzeugt, besitzen im Gegensatz dazu eine definierte Tonhöhe).

Die Registermischung ist aufgrund der Sprachnähe oft unterschiedlich zum klassischen Ideal, Taschenfalten und Ansatzrohr werden für Effekte genutzt, das geöffnete Gaumensegel wird flacher geführt, um einen nasalen Sound zu erzeugen oder es wird mit viel Twang ein sehr direkter Klang provoziert. Die Kehlstellung kann sehr hoch sein und mit den Eigenheiten des Beltings kommen gänzlich unbekannte Qualitäten und Strukturen in die Pädagogik. Die musikalische Arbeit ist viel häufiger an die Improvisation angelehnt, rhythmische Arbeit nimmt ebenso wie Songwriting, einen größeren Stellenwert ein.

Diese Unterschiede führen zu einer differierenden Aktivierung des Instrumentes und der Persönlichkeit des Schülers oder Studenten. Folgend werden einige Unterschiede genauer definiert.

Das verhauchte Singen

Eine aspirierte Qualität verwenden wir in vielerlei Arten von Musik. Wir finden viel hauchige Qualität im Jazz, Pop und Folk, aber auch in früher Musik und in Gesängen von Kindern.

Hauch impliziert immer eine intime Qualität und assoziiert Nähe.
Grundsätzlich gilt:

- Piano

  Die Stimmbänder berühren sich nicht oder nur wenig während
  des Hauchs. D.h., die Glottis ist leicht geöffnet, die Stimmlippen
  stehen etwas seitlich der Mittellinie. Die dynamische Bandbreite
  ist somit beschränkt. Hauchige Qualitäten sind immer leise und
  nur mit Mikrofontechnik zu verwenden. Hauch auf kräftigen
  Stimmen deutet einen schlechten Stimmbandschluss an.

- Lage

  Vor allem die Männerstimme kann in der hohen Lage effektvoll
  und gefahrlos Hauch verwenden, bei der Frauenstimme liegt die
  größte Kraft des Hauchs in der tiefen Lage.

- Frei von Konstriktoren

  Die Konstriktoren des Nackens sind bei dieser Art des Singens
  nicht enerviert.

- Der Körper bleibt relaxed

  Diese Art des Singens ist sehr entspannt

Die Chancen, welche sich durch hauchige Qualitäten der Gesangspädagogik erschließen, sind vielfältig. Zuallererst ist hier die Erweiterung des Ausdrucks zu nennen. Mit der hauchigen Qualität können
der Stimme sehr intime, warme bis hin zu erotischen Qualitäten zu-
gefügt werden. Die Verzierungstechniken (auch Phrasing genannt)
werden häufig von Luft begleitet; die aspirierte Qualität macht die
Stimme schnell und flexibel. Überbrustete Stimmen verlieren schnell
die zu hohe mediale Kompression und Konstriktoren lassen sich in der
hohen Männerstimme schnell und effizient entspannen. Sehr häufig
finden wir im Popgesang den intuitiven Einsatz von hauchigen Passagen nach anstrengenden Beltpassagen, vor allem in tiefen Passagen
der Frauenstimme.

Da diese Qualität nicht tragfähig ist, wird sie nur mit Mikrofontechnik
verwendet. Eine Gefahr stellt das Austrocknen der Stimmbänder dar.
Richtig eingesetzt, bietet der Hauch aber im Gegensatz eine Unmenge
von Möglichkeiten die Stimme zu schulen.

Distortion

Der Begriff Distortion wird auch als Oberbegriff verwendet. Im Grunde sind viele „Effekte" als Distortion zu bezeichnen, da sie den Klang „stören".

Im Gegensatz zu einem gesungenen Ton ist eine Distortion ein Geräusch. Eine Art Verzerrung, wie wir sie von der E-Gitarre kennen. Als Erfinder der Distortion darf Jimi Hendrix gelten. Mit der Gitarre wurde hier zum ersten Mal der Ton bis zum Maximum gestört oder auch zerstört. Eine Farbe, die wir vor allem im Rock, Heavy Metal, Gothik etc. finden.

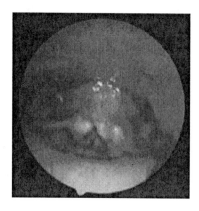

Abbildung 1: Schließung der Taschenfalten auf halber Länge

Die Farbe, die hier erzeugt wird, kann aggressiv, aber auch traurig, müde oder enthusiastisch sein. Erzeugt wird dieser Klang hauptsächlich durch die falschen Stimmbänder bzw. die Taschenfalten. In der Praxis wird dieser Sound allerdings oft mit anderen „Geräuschen" kombiniert. Diese starke Aktivität der Taschenfalten kennen wir auch von abgesungenen, müden Stimmen. Von der natürlichen Ausstattung sind die Taschenfalten eigentlich unser Überdruckventil. Es ist nicht einfach, diesen Effekt so zu trainieren, dass er nicht durch Druck hervorgerufen wird. Je nachdem wie unsere natürliche Disposition ist, wird es uns leichter oder schwerer fallen, dieses Geräusch zu erzeugen. Laryngoskopische Aufnahmen zeigen allerdings, dass eine gesund erzeugte Distortion die Taschenfalten auf halber Länge schließen lässt (s. Abb. 1). Beim krankhaften Einsatz der Taschenfaltenstimme schließen die falschen Stimmbänder auf ganzer Länge

Grundsätzlich gilt:

- Hoher Kehlkopf

  Die klassische Distortion wird mit einem hohen Kehlkopf gesungen.

- Hohe Zunge

  Für den starken Twang brauchen wir eine hohe Zunge.

- Taschenfalten schließen

  Im Gegensatz zum Lachen oder weinen werden die Taschenfalten nach innen bewegt. Sie schließen allerdings nur auf halber Länge.

- Gaumensegel tief

  Um den Brechreiz zu verhindern, wird das Gaumensegel nicht gehoben, also keine Kuppel gebildet.

- Viel Körperengagement

  Ein Ton mit Distortion braucht viel körperliche Unterstützung, da die Atemstütze bereits funktionieren sollte, bevor wir uns der Distortion zuwenden.

- Starker Twang

  Meistens wird die Distortion mit starkem Twang kombiniert.

- Es ist möglich, Distortion mit Hauch zu kombinieren oder ganz ohne Ton zu erzeugen.

Der Twang

Wie jeder Resonator lässt auch unser Resonanzraum nicht alle Frequenzen in gleicher Weise passieren. Frequenzanteile, die nahe an der Eigenfrequenz liegen, werden weiniger geschwächt und deshalb mit größerer relativer Amplitude durchgelassen als die weiter entfernten.

Der Resonanzraum der menschlichen Stimme besitzt vier bis fünf
Hauptresonanzen, die man Formanten nennt. Sie überlagern das ur-
sprüngliche Spektrum mit Partialtönen. Wir erkennen Vokale daran,
das jede Formantenfrequenz andere Partialtöne aus dem Spektrum
der schwingenden Stimmbänder begünstigt.

Die verschiedenen Frequenzen führen zu Resonanzen, deren Wir-
kungsmechanismus noch nicht in Gänze geklärt ist. Vom ausgegli-
chenen Training der verschiedenen Resonanzen ausgehend, haben F.
Husler und Y. Rodd-Marling ihre Gesangsmethodik abgeleitet.

Eine twangige Qualität verwenden wir in vielerlei Arten von po-
pulärer Musik, aber auch in vielen volkstümlichen Genres. Wir finden
Twang in der Coutrymusik, Musicals (vornehmlich, wenn diese im
Wilden Westen spielen), im Folk, Pop, R&B aber auch in asiatischen
Gesängen und in Gesängen von Kindern. Twang impliziert immer ei-
ne direkte manchmal aggressive Qualität. In der nasalen Form wirkt
Twang sehr weich bis hin zu einer „Voix mixte" ähnlichen Farbe.

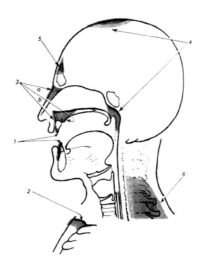

Abbildung 2: Ansatztypen nach Husler / Rodd-Marling

Die Verengung der Supragottis (das Ansatzrohr oberhalb der echten
Stimmbänder wird durch den aryepiglottischen Sphinkter geformt)

bildet einen Formanten zwischen 2-4 kHz. Der strahlende und durchdringende Wechsel in der Stimmqualität, welcher mit einer Verengung
des aryepiglottischen Sphinkters (AES) eintritt, ist der wichtigste Bestandteil der „Twang"-Qualität. Die Bandbreite der AES-Verengung
entspricht der Eigenfrequenz des Ohrkanals. Das heißt, dass der mit
Twang gesungene Ton lauter erscheint.

Ebenfalls geht man davon aus, dass die Schließung des Sphinkters
eine Auswirkung auf die Schlussphase der Stimmbänder hat. Offensichtlich wird die Schlussphase länger und dadurch die Masse
der Stimmbänder größer. Die längere Schlussphase sorgt für einen
erhöhten Luftdruck und dadurch für einen höheren Schallpegel.

Abbildung 3: Langsame Schließung des AES bei Asiatischem Kehl-
gesang

Die durch eine Schließung des aryepiglottischen Sphinkters entste-
hende durchdringende Qualität wird oft als nasal missverstanden.
Die hohe Frequenz des Twangs entsteht nicht durch nasale Treibre-
sonanz, sondern durch Verengung des aryepiglottischen Sphinkters.
Grundsätzlich gilt:

- Retraction

  Twang sollte immer mit guter Weite des Ansatzrohres geübt
  werden (Die Taschenfalten sind geöffnet, die Distortion bildet
  hier eine Ausnahme).

- Nasalität

  Die Erlernung von gesundem Twang ist in nasaler Qualität einfacher (durch eine leichte Öffnung der velopharyngealen Pforte
  wird die Verengung durch die falschen Stimmbänder verhindert)
  Sie ist aber nicht mit nasaler Triebresonanz zu verwechseln.

- Kehlposition

  Twang kann in allen Kehlpositionen erzeugt werden.

- Zunge

  Die Zunge ist in hoher Postition

- Gefahren

  Twang birgt keinerlei Risiken für die Stimmbildung.

Effekte am Beispiel des Rattle

Auch der Rattle gehört wie die Distortion und der Twang zu den verengenden Faktoren. Laryngoskopisch zeigt sich bei Anwendung des Rattle eine Beweglichkeit im supraglottischen Raum in den Bereichen des Kehldeckels und der Cartilago corniculata[1]. Diese kleinen Knorpel oberhalb der Stellknorpel schlagen von unten gegen den Kehldeckel. Der Zungengrund, das Gaumensegel und Schleim spielen bei dieser Distortion eine Rolle.

Grundsätzlich gilt:

- Leichter zu erzeugen

  Rattle ist eine deutlich weichere Distortion, die schneller angewendet werden kann.

- Zunge

  Die Zungenstellung ist sehr hoch.

- Reflektorische Massenreduktion

  Die Beweglichkeit in den Knorpeln oberhalb der Stellknorpel führt zu einem lockereren Einsatz der arytenoiden Muskulatur.

- Höhe

  Extreme Höhen bleiben mit distorter Qualität leicht und schlank.

---

[1]kleiner Knorpel in der aryepiglottischen Falte, einer Schleimhautfalte zwischen Kehldeckel und Stellknorpeln.

Belt

Wenn wir uns dem Thema Belt nähern, müssen wir zuerst genau definieren, von welcher Wahrnehmungsebene wir uns dem Phänomen nähern. Wir können das Belting kinästhetisch, akustisch, visuell, physiologisch, funktional oder z.B. stilistisch beschreiben.

Bekannt ist das Phänomen des Belting vor allem durch den R&B, Gospel, Pop, Musical und vor allem bei volkstümlicher Musik in der ganzen Welt. Es ist eine aufregende Qualität, welche auf kurze Distanz eine sehr starke Lautstärke erzeugen kann. Begründet werden kann dies unter anderem durch die große Sängerformantaktivität zwischen 2500 und 3500 Hz.

Im normalen Alltagsleben können wir das gleiche Phänomen bei lärmenden Kindern auf dem Spielplatz, wütenden Südländern oder bei Fussballtrainern am Spielfeldrand erleben. Die erste Äußerung des Menschen wird im Beltmodus ausgeführt: Der Schrei des Säuglings. Obwohl hier der charakteristische brustige Sound noch nicht zu hören ist, ist der funktionale Ablauf derselbe.

Der spezielle, brustige Sound ist es, der klassische Gesanglehrer skeptisch werden lässt. Die Beltstimme verwendet in der oberen Mittellage eine wesentlich längere Schlussphase, eine stärkere Aktivität des arytenoiden Systems, als wir es in der Klassik gewohnt sind. Die Mechanik, die hinter dem Phänomen des Beltens steht, ist aber in keinem Fall eine von unten hochgezogene isolierte Bruststimme. Diese Art, die Stimme aus der unteren Sprechlage nach oben zu ziehen, ist unfunktional und zu Recht als stimm-schädigend einzustufen, sobald sie die Grenzen der Sprechstimme überschreitet. Eine brustige sprechnahe Qualität wird dennoch häufig als Belt bezeichnet. Ich ordne diese Form des Singens dem kräftigen Sprechgesang zu. Die Funktionsweise ist zur Sprechfunktion identisch, daher ergibt sich nicht die Notwendigkeit einer gesonderten Funktionsbeschreibung. Der Charakter dieser Art des Sprechgesanges ist offen und gerade. Die Beltstimme, wie sie im modernen gesungenen Repertoire verwendet wird, unterliegt nicht den gleichen Gesetzmäßigkeiten wie eine isoliert trainierte Bruststimme. Was ist also der Unterschied?

Die Hauptproblematik liegt aber vor allem in der Position des Kehlkopfes. Jede klassisch geschulte Stimme wird eine tiefe Position des

Kehlkopfes präferieren. Wenn wir aber versuchen, mit tiefer Kehlposition zu belten, wird ein starker Bruststimmanteil in der Mittel- und hohen Lage zu einem Slide von unten führen. Und hier zeigt sich ein Konflikt.

Um eine gute klassische Qualität zu erzeugen, ist es absolut notwendig, den Kehlkopf in einer tiefen, lockeren Position zu halten. Diese Position wird kinästhetisch als richtig empfunden. Ein anderes Beispiel: Ein Tänzer der sich auf „Modern Dance" spezialisiert hat wird ein ständig durchgedrücktes Knie als ungesund und vor allem unphysiologisch empfinden. Für seine Art des künstlerischen Ausdrucks ist diese Ansicht auch völlig richtig. Das ein Tänzer des klassischen Balletts dieses Thema völlig anders beurteilen wird, liegt auf der Hand. Beide haben Recht. Um in ihrer jeweiligen Kunst gut zu sein, bedienen sich die Tänzer verschiedener Techniken. Keine ist schädlicher als die andere.

Belting lernen heißt auch, sich in neue kinästhetische Bereiche zu begeben.

Das Gefühl der Enge beim Belten resultiert hier aus mehreren Ereignissen gleichzeitig. Der aryepiglottische Sphinkter ist verengt, die Zunge ist hoch, der Kehlkopf ist hoch. Dies alles führt zum Gefühl der Enge, welches im krassen Gegensatz zu unserem klassischen Vorbild steht, zur „gola aperta". Dies stimmt allerdings nur bedingt. Die Tiefstellung des Kehlkopfes ist nicht die einzige Funktion, welche beim Singen ein Gefühl von Weite schafft. Alle anderen, wie z.B. die Gaumenstellung, die Taschenfalten oder der hintere Rachen müssen unbedingt ein Gefühl von Weite beim Belten beibehalten. Auch wenn die Funktion des Beltens zunächst ungeübt ist, muss sie auf Dauer in ein angenehmes Gefühl münden.

Beim Belten haben wir die stärkst mögliche Schlussphase der Stimmbänder, mehr als 70 % in jedem Zyklus. Der Grund hierfür ist vor allem die plötzliche Kippung des Ringknorpels nach hinten, eine spezielle Funktion der Stimme, welche wir in anderen Gesangsarten nicht finden. Die Kippung des Ringknorpels ist das charakteristische Merkmal des Beltens. Eine der spannendsten Entdeckungen der letzten Jahre ist sicherlich diese Beweglichkeit und Einsetzbarkeit des Ringknorpels. Dieses Kippphänomen findet sich auch beim einfachen Rufen. Ein ganzes Repertoire an menschlichen Gefühlsäußerungen bedient sich der Kippbewegungen des Ringknorpels. Als Ausdruck von Freude, Aufregung, Warnung oder Angst finden wir neben dem nach hinten gekippten Ringknorpel auch einen hohen Kehlkopf und einen verengten aryepiglottischen Sphinkter.

Das Cricothyroidgelenk erlaubt neben der Beweglichkeit nach oben, um den Raum zwischen Schild- und Ringknorpel zu verkleinern (wie beim Tilt des Schildknorpel) auch eine Beweglichkeit nach unten. Dadurch wird der Raum vergrößert und die Membranen werden gedehnt.

Für die Kippbewegung des Ringknorpels ist ein Zusammenspiel zwischen M. cricothyroidens (äußerer Muskel zwischen Schlidknorpel und Ringknorpel) und M. vocalis (Stimmmuskel innerhalb der Stimmlippen) verantwortlich.

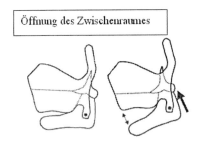

Abbildung 4: Kippbewegung des Ringknorpells nach Estill

Zur Öffnung des Zwischenraumes ist es ebenfalls möglich, den Schildknorpel nach hinten zu kippen, also eine weitere Möglichkeit das gleiche Phänomen zu erzeugen. Worin der akustische Unterschied dieser beiden Strategien liegt, ist noch nicht genau definiert. Beide Strategien finden beim Belten ihre Anwendung.

Die plötzliche Verkürzung der Stimmbänder wird durch eine erhöhte Stimmlippeninnenspannung kompensiert, um die Tonhöhe konstant zu halten. Auch hier kommt es zu einem erhöhten Spannungsgefühl während der Tonproduktion. Diese erhöhte mediale Kompression kann ebenso als Verengung missverstanden werden.

Grundsätzlich gilt:

- Kehlkopf

  Hat immer einen hohen Kehlkopf und eine intensive kurze hohe Atmung.

- Dynamik

  Belt hat immer ein hohes Maß an Energie und ist immer laut.

- Hauch

  Hat niemals einen luftigen Sound oder Einsatz.

- AES

  Hat einen verengten aryepiglottischen Sphinkter und eine hohe Zunge, hat Twang und ist brilliant.

- Mediale Kompression

  Die Stimmlippen haben eine erhöhte Spannung zur Stabilisierung der Tonhöhe bei der Verkürzung der Stimmbänder.

- Rachenraum

  Hat Weite im Bereich der Kuppel und des hinteren Rachenraums.

Wie die Farbe meines persönlichen Belts dann aussieht, hängt davon ab, wie viel Twang ich benutze, welche Strategie ich zur Verlängerung der Schlussphase nutze, welchen musikalischen Hintergrund ich habe, wie viel Weite ich nutze, etc.. Es gibt eine Unmenge von Möglichkeiten, auch diese Farbe individuell zu gestalten.

Zusammenfassung

Die Unterschiede zur klassischen Stimmbildung lassen sich wie folgt zusammenfassen

- Innovationen im Klangdesign geschehen heutzutage oft „von unten".

- Soziokulturelle Aspekte spielen eine größere Rolle in der Unterrichtssituation.

- Kreative (auch kompositiorische) Aspekte finden in anderer Weise Einzug in die musikalische Arbeit mit Kindern und Jugendlichen.

- Twang wird als Farbe natürlich und nicht mit hohem subglottischen Luftdruck den Unterrichtsaspekten hinzugefügt.

- Belt kommt als technische Herausforderung nach der Mutation hinzu.

- Hauch wird von der Kinderstimme ausgehend in die technische Arbeit integriert.

- Distortionen können, wenn sie gut verstanden sind (Taschenfalten auf halber Länge geschlossen), die Ausdrucksskala im Gesang erweitern.

- Effekte sind je nach Atractors State erlernbar und nicht grundsätzlich ein Zeichen einer Dysodie.

- Die Stilistik ist anders, aber erlernbar.

Kinder- und Jugendchorarbeit –
„In allen Sätteln gerecht?"

HELMUT STEGER

Helmut Steger stellte seine einführenden Anmerkungen unter das Motto „I do it my way - do it your way(?)".

Viele junge Chöre haben vielfältige Aufgaben - man muss ja was tun, um Unterstützer bei Laune und bei der Stange zu halten: Der Bürgermeister wird 50, die Gemeinde/Stadt hat Gäste, Firma XY hat Jubiläum, Opa Müller wird 75 und wünscht sich singende Kinder mitsamt seiner Enkelin...

Dafür muss man passende (?) Lieder bereit haben. Und wenn es nicht ein Volkslied sein darf oder soll, gibt es etwas Kleines aus der großen „Überraschungs-kiste".

Viele wollen sich gerne mit ihrer Unterstützung schmücken (wenn es sie denn überhaupt gibt), ihr kulturelles Engagement dokumentieren; und vieles davon machen wir mit, nicht wahr? Wer ist schon so weit, dass er sich auch mal verweigern kann, wenn es keinen realen Grund dafür gibt. Für wen von außen zählt schon, dass die Gruppe aus Termingründen zu klein, die Literatur dafür noch nicht ganz fertig geprobt ist, wir gerade mit einem anderen Projekt vollauf beschäftigt sind?

Heute haben wir 45 Minuten Zeit zum gemeinsamen Nachdenken darüber, was wir sollten, müssten, dürfen; in welchen Verantwortungen wir uns befinden und wie wir damit umgehen - wir prägen ja mit unserem Tun junge Menschen, vielleicht für ihr ganzes Leben.

Wo ist unser eigener Standort? In allen Sätteln? Was können wir und was müssen bzw. müssten wir leisten? Was? Und wie? Und warum?

Wenn Sie heute nach dem Symposium nach Hause kommen, geht es schon wieder los (ggf. noch auf der Fahrt): Das Denken an das Morgen und die kommende Woche. Da sind Fragen wie: Warum fehlt Marianne schon 3 Wochen ohne Nachricht? Warum will Johannes aufhören? Wo finde ich einen geeigneten Stimmarzt für Kevin? In den nächsten zehn Tagen müssen wir drei mehr oder weniger kleine

Auftritte absolvieren. Mit welchem Programm / was kann ich schnell abrufen / was ist noch nicht ganz fertig / geht das schon?

So weit die eher organisatorisch-technische Seite. Aber es gibt ja auch die rein musikalische: „Jetzt arbeite ich mit meinen Kindern schon einige Wochen an den beiden Volksliedern und dieser kleinen Motette. Manchmal spüre ich (oder glaube es zu spüren?), dass sie gerne wieder einmal etwas 'Fetziges' hätten. Aber was ich kenne, scheint mir nicht zu taugen - und ich bin nicht gerade erfahren in diesen Dingen. Wie soll ich es dann 'gültig' vermitteln? Sollte ich vielleicht doch...?“ Dies' gilt natürlich genau so von der anderen Seite des Literatur-Spektrums aus betrachtet.

Muss ich alles tun, soll ich alles können?

Ein Plädoyer für stilistische Vielfalt in der Jugendchorarbeit Impulsreferat zur Diskussion mit dem Plenum

CHRISTOPH SCHÖNHERR

Für die sich anschließende Diskussion, in der es wohl bei dieser Fragestellung um ein Abstecken des stilistischen Spektrums von Chorarbeit mit Kindern und Jugendlichen geht, scheint es mir wichtig, immer möglichst präzise zu benennen, unter welchen organisatorischen und institutionellen Rahmenbedingungen die Chorarbeit stattfindet, von der wir gerade sprechen. Aus meiner Sicht würde eine generelle Festlegung dem Facettenreichtum unseres (Kinder-) und Jugendchorwesens nicht gerecht. Vielmehr sollten mögliche Antworten immer die jeweilige Chorsituation berücksichtigen. Hierzu einige Fragen:

Fragenkomplex 1

Kinder- oder Jugendchor ?

In jedem Fall scheint es mir sinnvoll, zwischen Kinder- und Jugendchorarbeit zu differenzieren. Welche Kriterien ziehen wir für eine Grenzziehung heran? Meine weiteren Ausführungen nehmen vor allem den Jugendchor in den Blick.

Organisatorische und institutionelle Rahmenbedingungen

Handelt es sich

- um einen Schulchor mit Teilnahmepflicht?

- um einen Schulchor ohne Teilnahmepflicht?

- um einen außerschulischen Chor auf freiwilliger Basis etc.?

Wer singt im Chor?

Nicht unbedeutend scheint mir auch die personelle Zusammensetzung
des Chores zu sein: Etwa habe ich viele Sängerinnen und Sänger mit
Migrationshintergrund? Ist es ein reiner Mädchenchor, ein sog. Knabenchor oder ein gemischter Chor?

Wer leitet den Chor?

Wie stark sind die stilistischen Grenzen des jeweiligen Chorrepertoires auch von der musikalischen Sozialisation und der Art der Ausbildung der Chorleiterin/des Chorleiters geprägt?

Fragenkomplex 2

Welches sind die Kriterien für die programmatische Ausrichtung der Chorarbeit?

In meiner Wahrnehmung positionieren sich Chorleiterinnen und
Chorleiter bei der Festlegung der Grenzen ihres Chorrepertoires vor
allem zwischen den Polen

Erreichen möglichst großer stilistischer Authentizität

und

*möglichst vielfältiges Angebot zur Annäherung an unterschiedliche
Chorpraxen.*

Welche Inhalte?
Wie groß sollte die stilistische Bandbreite sein?

Chormusik ist in der Regel Musik mit Text, also inhaltsgebunden.
Ein entscheidendes Auswahlkriterium ist für mich: Die Inhalte der
Chorstücke sollten so geartet sein, dass die Chorsängerinnen und -
sänger sagen können:

Das hat etwas mit mir zu tun!

Dies erscheint mir eine wichtige Grundbedingung auf dem Weg zu
einer gelingenden, weil sinn-erfüllten Chorpraxis zu sein [1], [2]. Die

Inhalte der Texte sollten Schnittmengen mit den Lebenswelten der Chorsängerinnen und -sänger enthalten. Das wird bei den Chorsängerinnen und -sängern das Bedürfnis nach einer differenzierten Interpretation verstärken. Dabei kommen der Chorleiterin/dem Chorleiter vermittelnde Aufgaben zu, im Sinne von Brückenschlägen vom Inhalt des Stückes zu der/den Erfahrungswelt(en) der Chorsängerinnen und -sänger [3].

Wie breit gefächert das stilistische Angebot sein kann, ist auch abhängig von den Kompetenzen und Präferenzen der Chorleiterin/des Chorleiters. Die Entscheidungen müssen aus meiner Sicht jeweils im Lichte des speziellen organisatorischen und institutionellen Rahmens betrachtet werden. Konkret heißt das: Es macht für mich einen erheblichen Unterschied, ob ich mich für ein rein klassisch ausgerichtetes Programm in einem Elitechor in freier Trägerschaft oder etwa in einem Chor einer Hamburger Stadtteilschule in einem sozialen Brennpunkt entscheide.

In Verbindung mit den Kompetenzen der Chorleiterinnen und Chorleiter wären auch Fort- und Weiterbildungsangebote sowie die Studieninhalte im Fach Chorleitung zu diskutieren.

Wenn ich weiter oben im Zusammenhang mit der personellen Zusammensetzung des Chores auf mögliche Migrationshintergründe verwiesen habe, so ist zu fragen, wie sehr die inhaltliche und stilistische Ausrichtung des Chorrepertoires darauf bezogen sein sollte. Sicher ist es ehrenwert, mit dem Literaturangebot auf Migrationshintergründe der Sängerinnen und Sänger einzugehen, aber oft ist es gar nicht deren Sinne, da sie etwa Volkslieder aus ihren Ursprungsländern nicht als die ihren empfinden. Umgekehrt müssen sich Chorleiterinnen und Chorleiter von Schulchören immer wieder mit Eltern auseinandersetzen, die ihren Kindern z.B. wegen der christlichen Inhalte der Texte verbieten, an Weihnachtskonzerten teilzunehmen.

Für die Situation des schulischen Jugendchores, der auf Freiwilligkeit basiert, wäre auch die Frage zu diskutieren, ob nicht mit einem stilistisch breiten Angebot mehr Schülerinnen und Schüler erreicht werden können.

Die größte gemeinsame Schnittmenge findet sich in Jugendchören ganz offensichtlich in Stücken aus der populären Musik. Je nach institutionellem Rahmen der Chorarbeit wird die Chorleiterin/der Chorleiter entscheiden müssen, ob oder in welchem Umfang sie/er diesen Bereich im Programm berücksichtigt. Für den schulischen Bereich kann ich mir zumindest für die Jugendchorarbeit nicht vorstellen, dass man den populären Bereich völlig ausklammert.

Schlaglichter auf Aspekte der Chorarbeit im populären Bereich

Da ich vermute, dass die Diskussion sich auch um die Frage drehen wird, welchen Stellenwert die populäre Musik in der Jugendchorarbeit haben sollte (der Kinderchor sei hier einmal ausklammert), möchte ich im weiteren einige Schlaglichter auf wichtige Aspekte der Jugendchorarbeit mit Literatur aus dem populären Bereich werfen:

Sound

Die Chorarbeit muss immer mit diesem für den populären Bereich so wichtigen Parameter umgehen. Häufig bringen die Chorsängerinnen und -sänger ein bestimmtes Stück mit einem bestimmten Sound in Verbindung, weil sie es durch Radio, Fernsehen etc. so kennengelernt haben.

Dieser Sound ist meist unter anderen Bedingungen zustande gekommen als diejenigen, die für die eigene Chorarbeit gelten. Meist handelt es sich um solistische Aufnahmen mit Nahbesprechungsmikrophonen, der Chor(klang) entsteht dabei oft durch sog. Overdubbing durch denselben Sänger bzw. dieselbe Sängerin. Die Rahmenbedingungen für die Entstehung des Sounds sind also völlig andere als bei der eigenen Chorarbeit. Dies ist für mich allerdings kein Grund, diesen Bereich aus dem Repertoire auszuschließen.

Bestimmte Gesangstechniken, die nur mit Nahbesprechungsmikros möglich sind, etwa bewusst gehauchtes Singen (wie etwa beim berühmten Titel „Girl" der Beatles) sind nicht direkt auf die Chorarbeit übertragbar. Sie sollten auch nicht unbedingt übertragen werden. Vielmehr gilt es z.B. in Hinblick auf den Sound verantwortungsvoll auszuloten, welche Spielräume etwa für den Vokalsitz bestehen. Idealerweise kann die Chorleiterin/der Chorleiter durch eigenes gesangstechnisch korrektes Vorbild Mittlerin/Mittler zwischen Original und Chorversion sein.

Sehr entscheidend ist auch die Lage der einzelnen Chorstimmen. Oft ist das solistische Original wegen der oben genannten Gründe in einer Lage, die nicht unbesehen auf die Chorarbeit übertragen werden sollte. Etwas vereinfacht gesprochen gibt es in der populären Musik nur eine Lage für Männer- und Frauenstimmen. Sie bewegt sich etwa um das sog. Schloss-C, also dem C^1. Dieser Tonraum von ca. eineinhalb Oktaven, in deren Mitte das C^1 liegt, ist für die jugendlichen Chorsänger meist zu hoch und für die Sängerinnen oft zu tief. Da die Lage aber auch den Sound entscheidend beeinflusst, muss individuell von Stück zu Stück und je nach Besetzungssituation die zu wählende Tonart sehr sorgfältig abgewogen werden.

Artikulation und Phrasierung

Für die stilistische Authentizität im Umgang mit Chorstücken aus dem populären Bereich spielt die richtige Artikulation und Phrasierung eine mindestens so wichtige Rolle wie der Sound. Hier kann bei sorgfältiger Arbeit große Nähe zum (möglicherweise solistischen) Original erreicht werden. Gleichzeitig sollten sich Chorleiterinnen und -leiter darüber klar sein, dass das Imitat des Originals nicht das oberste Ziel ist. Vielmehr hat die eigene erarbeitete Chorversion ihren Wert an sich.[1] Hier scheint mir ein Umdenken in dem Sinne notwendig, das Chormusik im populären Bereich und im Jazz als eigenes Genre begreift.

Aktueller Tages-Hit oder Popklassiker

Vor allem wegen des Soundaspektes warne ich davor, dem aktuellen Tages-Hit hinterherzulaufen. Erfolgversprechender ist es, auf „gut abgehangene" Titel zu vertrauen, die es vielleicht schon in mehreren Coverversionen gibt und sich durch *musikalische und inhaltliche Substanz* auszeichnen. Letztere ist ein Auswahlkriterium, das für jedes Musikgenre gilt, denn nur qualitätsvolle Stücke eröffnen Spielräume für eine sinnerfüllte Chorarbeit.

---

[1]Vor allem für die Chorarbeit in der Schule gilt, schulische Musikpraxis als eine eigenständige Praxis zu begreifen und nicht nur als Imitationsversuch der sog. professionellen Musikszene.

Schlussbemerkung - Ein Plädoyer für stilistische Vielfalt

Die Formulierung „In allen Sätteln gerecht?" impliziert zunächst die Fragestellung: Wie groß sollte bzw. kann die stilistische Vielfalt meiner Chorarbeit sein? Ich möchte abschließend das Pferd gewissermaßen anders herum aufzäumen, indem ich von der *inhaltlichen* Gestaltung der Chorarbeit ausgehe. Wenn sich die Programmgestaltung an Themen oder Phänomenen [3] orientiert, so können damit sinnvoll Brücken zu unterschiedlichen Genres und Stilistiken geschlagen werden. Es geht dann nicht primär darum, dass ich in unterschiedlichsten „Sätteln zurechtkomme und nicht vom Pferd abgeworfen werde", sondern um eine spannende musikalische Entdeckungsreise, bei der Jugendliche erfahren können, wie dasselbe Thema, dasselbe Phänomen in unterschiedlichen Musikkulturen, Stilen und Musikpraxen seinen eigenen musikalischen Ausdruck finden kann. So ließe sich die Programmatik der Jugendchorarbeit sinnvoll um den Aspekt der Kulturerschließung erweitern.

Literaturangaben

[1]   Schönherr C (1998) Sinn-erfülltes Musizieren - Chancen und Grenzen seiner Vermittlung in Probensituationen, Bosse Kassel

[2]   Schönherr C (2003) Klassenmusizieren in phänomen-orientierter Vermittlung, Dokumentation des Projekts „Wasser ist mehr als H2O - Wasser in der Musik", Band 4 der Schriftenreihe Musik und Weideler Verlag Berlin

[3]   Schönherr C (2005) Kann das Klassenmusizieren den Musikunterricht ersetzen? in: Schäfer-Lembeck H-U (Hg.) , Klassenmusizieren als Musikunterricht!? Theoretische Dimensionen unterrichtlicher Praxen, alliteraverlag München

Ein Plädoyer für Qualität und Authentizität in der Kinder- und Jugendchorarbeit Impulsreferat zur Diskussion mit dem Plenum

FRIEDERIKE STAHMER

Der Titel meines Impulsreferates nimmt unmittelbar Bezug auf Christoph Schönherrs *Plädoyer für stilistische Vielfalt in der Jugendchorarbeit*. Dabei verstehe ich die beiden Plädoyers keinesfalls als Gegendarstellungen sondern vielmehr als die Betrachtung einer vielschichtigen Fragestellung aus zwei verschiedenen Blickwinkeln.

Einleitend nur folgende kleine Episode: In dem von mir geleiteten Mädchenchor der Sing-Akademie zu Berlin singen derzeit rund 100 Mädchen in 4 verschiedenen Gruppen. Während meiner Vorbereitung auf das Leipziger Symposium führte ich ein Probenwochenende mit einer dieser Gruppen durch. Da meine Gedanken um das Thema der bevorstehenden Diskussion kreisten, erzählte ich den 12- bis 15jährigen Mädchen davon und befragte sie, ob sie es eigentlich besser fänden, wenn wir ein anderes Repertoire, also zum Beispiel mehr populäre Musik sängen. Total überrascht war ich von der ersten Spontanreaktion, einem gemeinsamen, lauten: „Nein!" Es entspann sich daraufhin eine sehr aufschlussreiche, offenherzige Unterhaltung, in der die Mädchen leidenschaftlich ihre Meinung zum Thema unseres Symposiums äußerten. Aus dieser Unterhaltung habe ich versucht, einige Zitate zu dokumentieren.

Erstaunlich dezidiert engagierten sie sich zum Beispiel so:

- „*Unsere Musik*, also Popmusik und so, hören wir ja sowieso, zum Chor kommen wir, um *andere* Musik singen!"

- „Die Musik, die wir in unserer Freizeit hören, würde vom Chor gesungen nicht gut klingen."

- „Im Chor lernen wir klassische Musik kennen, von der wir sonst kaum etwas erfahren würden!"

- „Die Musik, die wir im Chor singen, gefällt uns gut."

- „Eigentlich singe ich gerne klassische Musik, aber ab und zu mal etwas anderes, zum Beispiel Gospel, fände ich auch gut."

- „Ich singe lieber klassische Musik mit deutschen oder englischen Texten als zu viel Latein – die englischen Volkslieder von Vaughan Williams zum Beispiel haben mir gut gefallen."

Ich war ziemlich erstaunt von dieser durchaus einheitlichen Meinung. Natürlich ist mir bewusst, dass die Auswahl der bei mir singenden Mädchen nicht repräsentativ im Sinne einer Umfrage ist. Anders als in den allgemeinbildenden Schulen muss sich ein „Freizeit"-Chor ständig der anspruchsvollen Herausforderung stellen, dass die Kinder und Jugendlichen den Chor jederzeit verlassen können, wenn ihnen das angebotene Repertoire oder auch nur der Probenstil nicht gefällt. Dank dieser ständigen „Abstimmung mit den Füßen" singen in meinem Chor sicherlich überwiegend Mädchen, denen das gefällt, was wir dort tun. Dennoch bin ich der Ansicht, dass Kinder und Jugendliche in ihrem musikalischen Anspruch und Qualitätsempfinden zu oft weit unterschätzt werden. Dann wird anspruchsvolle, „ernste" Musik unnötigerweise einer vermeintlich kindgerechten, pädagogisierten, aktuell populären Musik geopfert. Dabei vergessen wir, wie viel wir den Kindern und Jugendlichen vorenthalten, wenn wir sie nicht in ihrer Jugend mit guter Musik in Berührung bringen – wobei ich „gute" Musik sicherlich genreübergreifend verstehen möchte.

Eckhard Altenmüller forderte zu Beginn dieses Leipziger Symposiums, dass gerade die Kleinsten, also die Kinder, von den Besten unterrichtet werden sollten. Diese Forderung verdient unsere vollste Unterstützung. Anschließend möchte ich fünf weitere Forderungen und Thesen formulieren, die meiner Ansicht nach elementar für die Chorarbeit mit Kindern und Jugendlichen sind, die aber leider viel zu oft vernachlässigt werden:

1. Wir sollten die Kinder nur mit Musik von bester Qualität in Berührung bringen. Nie wieder im Leben ist die Begeisterungsfähigkeit und Offenheit so ausgeprägt wie im Kindesalter! Diese Begeisterungsfähigkeit ist für uns als Lehrende eine der

ganz großen Chancen. Vor allem aber ist sie eine große Verantwortung, der wir uns als Musikpädagogen ständig bewusst sein
sollten. Eckart Altenmüller hat ebenfalls darauf hingewiesen,
dass unsere eigene musikalische Biographie dafür verantwortlich ist, welche Musik später in uns eine Gänsehaut auslöst und
welche nicht. Wir als Ausbildende sind diejenigen, die wahrscheinlich zum entscheidenden größten Teil diese musikalische
Biographie der Kinder und Jugendlichen prägen.

2. Als Chorleiter/-in kann ich nur für solche Musik begeistern,
   von der ich selbst begeistert bin. Von meiner eigenen musikalischen Herkunft her ist dieses in erster Linie die sogenannte
   „klassische" Musik. Auch wenn ich natürlich viel andere Musik kennen- und liebengelernt habe, ist das die Musik, die mir
   besonders am Herzen liegt und für die ich begeistern möchte.
   Nicht nur junge Kinder sondern auch viele Jugendliche sind der-
   maßen offen und bringen eine so große Begeisterungsfähigkeit
   mit, dass sie noch für beinahe alles zu begeistern sind – solange
   wir nur selbst an den Wert des zu Vermittelnden glauben und
   dadurch in unserer eigenen Begeisterung authentisch sind.

3. Qualität von Musik teilt sich unmittelbar mit. Dieses wird für
   mich immer wieder besonders deutlich, wenn wir junge Kinder auf die Mitwirkung bei großen Werken wie zum Beispiel
   dem Weihnachtsoratorium oder der Matthäus-Passion von J.S.
   Bach aber auch dem War-Requiem von B. Britten vorbereiten.
   Jede Sorge, dass die Musik oder die Texte vielleicht zu abstrakt
   und zu weit entfernt von der Lebensrealität der Kinder seien,
   verflüchtigt sich, wenn man merkt, wie schnell die Choräle zu
   Lieblingsliedern der Kinder avancieren, wie der Tritonus im „Te
   decet hymnus ... " ein geliebtes Intervall wird oder wenn ich in
   die leuchtenden Augen eines Zweitklässlers schaue, der mir zu-
   flüstert: „,Herrscher des Himmels' ist das beste Stück!"

4. Als Chorleiter/-in sollte mir eine möglichst stilgerechte Interpretation wichtig sein. Diese These führt mich auch zu der Forderung, dass es im Kinder- und Jugendchor immer auch um die
   Gesunderhaltung und Förderung der Kinder- und Jugendstimme geht. Eine stilgerechte Interpretation schließt immer auch

das Wissen um die stilgerechte Gesangstechnik ein. Wie Sascha Wienhausen in seinem Symposiumsbeitrag darlegte, ist die „klassische" Gesangstechnik eine gesunde und sinnvolle Grundlage für alle möglichen Stile inklusive Pop und Jazz etc. Für mich als Chorleiterin und Gesangspädagogin ist es wichtig, dass zuerst eine Grundlage gelegt worden sein sollte, bevor Spezialisierungen möglich werden. Dieses gilt natürlich ganz besonders in der Ausbildung von Kindern und Jugendlichen. Zudem können in manchen Altersstufen bestimmte Techniken, für die noch keine Basis einer Gesangstechnik gelegt wurde, der Lösung altersbedingter Probleme beim Singen entgegenstehen. In meiner Arbeit im Mädchenchor ist zum Beispiel ein ständiges „Problem", dass die mutierenden und frisch mutierten Mädchen in ihren „neuen" Frauenstimmen ihre Register neu kennenlernen und damit umgehen lernen müssen. Oft sind extreme klangliche Unterschiede zwischen der Brust- und der Kopfstimme hörbar, auch kommen Berührungsängste mit der neuen Klanglichkeit der Frauenstimme hinzu. Für mich als Chorleiterin, die vor allem ein „klassisches" Repertoire singen lassen möchte und auch die Ausbildung der Individualstimme zum klassischen Gesang anstrebt, ist die Entwicklung einer guten klanglichen Registermischung eines der obersten Ausbildungsziele. Wenn ich nun zeitgleich Literatur singen lasse, die zum Beispiel das Belting stilistisch erfordert, wirkt diese unter Umständen kontraproduktiv zu dem, was ich gesangspädagogisch gerade zu erreichen versuche.

Aus diesen Überlegungen ergibt sich eine abschließende Forderung:

5. Als Chorleiterin bzw. als Gesangspädagogin vermittle ich nur Gesangstechniken, die ich selbst weitestgehend beherrsche und/oder technisch vermitteln kann – andernfalls ziehe ich Spezialisten heran. In Kinder- und Jugendchören tragen wir die Verantwortung für die Ausbildung der jungen Stimmen. Anders als zum Beispiel im Schulorchester, in denen die instrumentaltechnische Ausbildung der Schüler im Einzelunterricht erfolgt, gibt es hinter den jugendlichen Chorsängern in den meisten Fällen keine weiteren Gesangslehrer, welche die technische, gesunde Ausbildung der Stimmen mit überwachen.

Dieser Umstand führt zu einem hohen Anspruch an das Verantwortungsbewusstsein des Chorleitenden, dessen wir uns stets bewusst sein sollten.

Der Titel dieser Diskussion lautet „In allen Sätteln gerecht?" Meine Antwort wäre: Nein, lieber nicht – ohne dabei die Aufgeschlossenheit gegenüber Anderem und Neuem zu verlieren! Es gibt gute Gründe, warum ich mich als Chorleiterin auf einiges beschränke, dem ich persönlich umso gerechter werden kann, und warum es auch für Chorsänger gut sein kann, nicht in allen Sätteln gerecht zu sein oder auf allen Hochzeiten und zu jeder Musik zu tanzen.

Im Anschluss an die Statements der beiden Referenten ergab die allgemeine Gesprächsrunde, dass in Deutschland, wie Prof. Schönherr in seinem Statement schon angemerkt hatte, ein Definitionsproblem im Bereich Kinderchor-Jugendchor herrscht; es gibt bei uns im Vergleich zu anderen Ländern sehr viele Mischformen im Bereich junger Chöre. Wenn nicht genauer definiert ist, um welche Gruppe welchen Alters es sich handelt, lässt sich kaum eine gültige Aussage formulieren, was die inhaltlich-stilistische Ausrichtung und die Möglichkeiten eines jungen Chores angeht. So war die allgemeine Tendenz dieser Gesprächsrunde, dass man das Gespräch über diese interessanten inhaltlichen Fragen unbedingt fortsetzen sollte, allerdings unter klarer Definition, von welchem Chor-„Typ", welcher Altersstruktur die Rede sein soll. Vielleicht ergibt sich bei einem der nächsten Symposien die Möglichkeit, diese Fragen in differenzierten Gesprächsrunden zu vertiefen.

(Helmut Steger)

Alexander-Technik und Stimme

IRMA HESZ / BIRGITTA JUCHEMS

Alexander-Technik - Welche Anwendungsgebiete und Arbeitsfelder bietet die Methode?

Die Alexander-Technik kann in vielen Bereichen des Lebens wirksam werden. Das wird bereits in unseren eigenen beruflichen Tätigkeitsfeldern sichtbar.

Birgitta Juchems ist akademische Sprachtherapeutin, systemischer Coach und Alexander-Technik-Lehrerin. Mit diesem Hintergrund arbeitet sie mit Alexander-Technik vorwiegend mit Menschen mit Stimmstörung, mit Sprechberuflern, mit Menschen in beruflichen Veränderungsprozessen und mit Kindern.

Irma Hesz ist Dipl. Musikpädagogin, systemischer Coach und Alexander-Technik-Lehrerin. Mit Alexander-Technik arbeitet sie vorwiegend mit Musikern am Instrumentalspiel und an der Stimme, und mit Menschen an der Verbesserung des Selbstmanagements am Arbeitsplatz. Sie bildet Alexander-Technik-Lehrer aus.

Darüber hinaus findet die Alexander-Technik Anwendung bei Pädagogen, Therapeuten, Tänzern, Sportlern, Schauspielern und in anderen Performance-Berufen. Es war uns eine besondere Freude, die Alexander-Technik beim Symposium „Stimme – Körper – Bewegung" einem Publikum aus den genannten Berufsgruppen vorzustellen.

Alexander-Technik Workshop – Welche Konzeption liegt zugrunde?

Die Alexander-Technik ist eine auf das Individuum zugeschnittene Arbeit. Um sowohl dem Einzelnen, als auch der Gruppe gerecht zu werden, haben wir den Workshop so konzipiert, dass möglichst viele Teilnehmer die Wirkweise der Alexander-Technik direkt „am eigenen Leib" erleben können. Wir arbeiten dabei sowohl auf der mentalen

Ebene durch verbale Interaktionen, als auch auf der physischen Ebene durch leichte Berührungen (Hands-On-Arbeit).

Um die interaktive Vorgehensweise mit dem Individuum zu demonstrieren, bildeten wir eine „Gruppe in der Gruppe", bestehend aus 5 Teilnehmern. Jeder Teilnehmer dieser Kleingruppe bekam in einer eigenen Unterrichtssequenz individuelle Unterstützung von einer Lehrerin und der Gruppe. Im Mittelpunkt standen die Interessen der einzelnen Gruppenmitglieder und ihre selbst gewählten Bewegungen.

Die Großgruppe erhielt die Aufgabe, aus einer Metaposition die Kleingruppe zu beobachten, Rückmeldung zu geben und Fragen zu stellen. Gleichzeitig bekamen möglichst viele Teilnehmerinnen von der anderen Referentin die physische Erfahrung der Hands-On Arbeit.

Wir betrachten das Lernen in der Gruppe als sehr anregend und motivierend für den eigenen Lernprozess. Im lebendigen interaktiven Gruppengeschehen lernen die Teilnehmer einerseits die eigenen Wahrnehmungen und Erkenntnisse verständlich und konstruktiv auszudrücken, andererseits die Rückmeldungen der anderen Gruppenmitglieder vorurteilsfrei zu hören und zu integrieren. Durch den Austausch der unterschiedlichen (Vor-)Erfahrungen, Interpretationen und Ideen können neue Perspektiven entstehen. Das bisherige Verständnis vom Funktionieren des eigenen Organismus wird vertieft.

Alexander-Technik – Wer war Frederick Matthias Alexander?

Die Biographie von Frederick Matthias Alexander war im Kontext dieses Workshops besonders interessant, da er die Alexander-Technik entwickelt hatte, um seine Stimmprobleme zu lösen. 1869 in Tasmanien nahm er schon als Jugendlicher Schauspielunterricht und ließ seine Stimme für die Bühne ausbilden, bis er schließlich als junger Erwachsener die Karriere zum professionellen Rezitator und Schauspieler einschlug. Zunächst war er sehr erfolgreich, doch bald hatte er mit Atembeschwerden und Heiserkeit zu kämpfen, die beim Rezitieren immer häufiger dazu führten, dass seine Stimme versagte. Verzweifelt suchte Alexander verschiedene Ärzte auf, um Hilfe zu erlangen, ohne Erfolg.

So beschloss er, seinen Schwierigkeiten selbst auf den Grund zu gehen. Intensive Selbstbeobachtungen machten ihm zunächst klar, dass die Art und Weise, wie er seinen Kopf auf der Wirbelsäule balancierte, einen entscheidenden Einfluss auf seine Stimme hatte. Zunehmend beschäftigte er sich dann mit dem Zusammenhang zwischen Denken und Bewegung und der Frage, wie eine erfolgreiche Koordination entsteht.er entwickelte hierbei neue Denkansätze und Methoden, die er mit Erfolg auf sein Stimmproblem anwendete: Das Stimmproblem verschwand vollständig und dauerhaft. Mehr noch, sein allgemeiner – bisher recht schwächlicher – Gesundheitszustand verbesserte sich dramatisch.

Durch diese Entdeckungen war sein unermüdliches Forschungsinteresse geweckt. Alexander setzte seine Experimente fort und entwickelte auf erfahrungswissenschaftlicher Grundlage eine Methode, mit der Reaktions- und Verhaltensweisen im täglichen Leben erkannt und verändert werden können. Alexander entdeckt allgemeingültige Gesetze für die Planung und Koordination von Bewegung. Diese Gesetze sind von unschätzbarem Wert, um die Ausführung und die Resultate unserer Handlungen grundlegend und dauerhaft zu verbessern.

Während Alexander weiter forschte und als Schauspieler und Rezitator arbeitete, wandten sich Kollegen immer häufiger wegen ihrer eigenen Stimm- und Atemprobleme an ihn. Auch Ärzte schickten ihm Klienten. Man nannte ihn den „breathing man".

1904 übersiedelte er nach London, wo seine Arbeit schnell hohe Anerkennung fand, zunächst unter berühmten zeitgenössischen Schauspielern, dann auch in medizinischen und geisteswissenschaftlichen Kreisen. 1930 entstand in London die erste Ausbildungsklasse für Lehrerinnen und Lehrer der Alexander-Technik. Da einige seiner Studentinnen ausgebildete Montessouri-Lehrerinnen waren, konnte sich Alexander einen Traum erfüllen: Er eröffnete eine Grundschule „Little School", an der die Lehrinhalte nach den Prinzipien der Alexander-Technik vermittelt wurden. Die Arbeit mit Kindern wurde sein größtes Anliegen. 1955 starb Alexander, 86-jährig, in London.

Alexander-Technik – Welche Definition liegt dem Unterricht zugrunde?

Um im Workshop eine gemeinsame Arbeitsgrundlage zu schaffen, stellten wir folgende Definition vor:

Die Alexander-Technik ist das *Studium* des *Denkens* in Beziehung zu *Bewegung*.

Gliedert man diese Definition, so fallen drei Schwerpunkte auf: Studium, Denken und Bewegung. Da diese Schlüsselbegriffe das Rückgrat der Alexander-Technik darstellen, verdienen sie eine genauere Beachtung.

Bewegung

Bewegung ist eines der Kriterien, die einen lebenden Organismus charakterisieren: ohne Bewegung gibt es kein Leben. Wir bewegen uns, wenn wir atmen, schlafen, sitzen, stehen, sprechen und singen. Unsere Atmung, Herz und Kreislauf, alle innere Organe und das Muskelsystem bewegen sich ständig. Am sichtbarsten ist Bewegung auf der Ebene der Fortbewegung, der gestischen Bewegung und der Mimik.

In der Alexander-Technik beschäftigen wir uns vor allem mit den Bewegungen, die unsere alltäglichen Aktivitäten bilden.

Denken

Eine wichtige Prämisse der Alexander-Technik ist: Es gibt eine Kausalbeziehung zwischen Denken und Bewegen. Denken erzeugt unsere Bewegung. Da es sehr viele verschiedene Auffassungen davon gibt, was „Denken" ist oder beinhaltet, möchten wir an dieser Stelle genauer darauf eingehen.

Im Kontext dieser Definition ist „Denken" für uns ein sehr weit gefasster Begriff und schließt alles ein, was in unserem Gehirn und Nervensystem vor sich geht. Denken umfasst zum Beispiel Ziele setzen, Entscheidungen treffen, Bewegungen planen und durchführen, Interpretieren und Auswerten von Bewegungen, Wahrnehmen von Außen-

und Innenwelt, auf Erfahrungen zurückgreifen, auf Emotionen reagieren.

Wenn wir uns bewegen, fließen diese verschiedenen Ebenen des Denkens ein. In der Alexander-Technik befassen wir uns unter anderem damit, diese verschiedenen Ebenen zu erkennen, sie immer feiner zu differenzieren und unsere nachfolgenden Bewegungen nach diesen neuen Einsichten auszurichten.

Aufgrund unserer Prämisse, dass unser Denken unsere Bewegung erzeugt, beschäftigen wir uns in der Alexander-Technik mit der Art und Weise wie wir

- über Bewegung nachdenken,

- uns für Bewegung organisieren,

- unsere Bewegungen planen,

- sie denken, während wir sie ausführen und

- unsere Bewegungen auswerten und einschätzen, nachdem wir sie ausgeführt haben.

Die Präzision unseres Denkens wirkt sich darauf aus, wie präzise wir uns bewegen und wie gut wir die Dinge tun können, die wir tun möchten. Indem wir unsere Bewegungen präziser denken, verbessern wir nicht nur die Bewegungen, die unserem Willen unterliegen, sondern indirekt auch die Bewegungen, die nicht unserem Willen unterliegen, z.B. die Bewegungen der Stimmlippen.

Studium

Die wichtigsten Requisiten, um die Methode zu erlernen, sind ein gesunder Forschergeist und ein Interesse am eigenen Organismus – sowohl an seinem Aufbau und seiner Funktion, als auch an der Art, wie wir ihn steuern, anleiten und erfahren. Um uns verändern zu können, ist es unumgänglich, die Prämissen, auf denen unsere derzeitigen Vorstellungen und Ansichten ruhen, immer wieder zu hinterfragen. Wie bei allen Forschungsarbeiten brauchen wir dabei Selbstbeobachtung,

Selbstanleitung, Hypothesen, Fragestellungen an uns selbst, den Aufbau von Experimenten und schließlich deren Auswertung. Natürlich sind auch Qualitäten wie Einsatz, Geduld und Durchhaltevermögen gefragt.

Diese Art des Studiums ist Inhalt des Alexander-Technik-Unterrichtes, sowohl eines einführenden Workshops, als auch weiterführender Unterrichtsstunden.

Alexander-Technik – Wirken sich Gedanken auf die Körperkoordination aus?

Experiment 1

Um den Einfluss unserer Gedanken auf unsere Bewegungen zu verdeutlichen, erhielten die Teilnehmer folgende Aufgabe:

Während ein Teilnehmer von einem anderen Teilnehmer leicht am Brustbein „gestupst" wurde, sollte dieser zunächst nur an seinen Kopf, dann nur an seinen Bauch und schließlich nur an seine Füße denken. Die Teilnehmer konnten dadurch erfahren, wie ein einziger kurz gefasster Gedanke, sich auf die gesamte Körperkoordination auswirkt.

Alexander-Technik – Was geschieht im interaktiven Gruppenunterricht?

Wenn unsere Gedanken einen so starken Einfluss auf unsere Bewegungen haben, ist es dann nicht hilfreich, sich dieses Phänomen zunutze zu machen und mit einem nützlichen Gedanken zu beginnen?

Ein erster Gedanke:

Die Balance des Kopfes im Verhältnis zum Körper in Bewegung ist der Schlüssel zu Freiheit und Leichtigkeit von Bewegung.

Wie kann dieser Gedanke unseren Teilnehmern helfen? Jeder Mensch hat einen Kopf und jeder hat einen Körper. Das Verhältnis zwischen Kopf und Körper zeichnet sich durch eine freie Balance aus. Wenn sich die Beweglichkeit der Beziehung zwischen Kopf und Körper ändert, hat dies eine entsprechende und grundlegende Veränderung der Bewegungsfähigkeit unserer Wirbelsäule und Extremitäten zur Folge. Ist diese Beziehung eher unbeweglich, hat dies eine deutlich nachteilige Wirkung auf unsere gesamte Bewegungsfähigkeit. Ist diese Beziehung beweglich – daher das Wort *Balance* –, organisiert sich unser Körper leichter.

Alexander-Technik – Wie erlebten die Teilnehmer den Unterricht?

Drei ausgewählte Fallbeispiele aus der Kleingruppe

Wir bildeten nun die Kleingruppe mit fünf freiwilligen Teilnehmern aus dem Plenum, die jeweils eine Bewegung auswählten, die sie gerne verbessern mochten.

Eine Teilnehmerin wählte die Bewegung des Stehens und stand dabei, objektiv betrachtet, mit dem Oberkörper sehr weit nach hinten gelehnt. Auf Nachfrage, wie sie ihren Stand beschreiben würde, antwortete sie, sie stünde normal und gerade. Sie gab an, sie habe sich absichtlich so hin gestellt, um als kleine Person groß zu wirken. Für den Rest der Gruppe wich diese Eigenwahrnehmung der Teilnehmerin stark von ihrer Beobachtung ab, da sie von außen betrachtet durch Überstreckung der Wirbelsäule weit zurückgelehnt stand. Nachdem kurz an der Kopf-Hals-Beziehung der Teilnehmerin gearbeitet wurde, veränderte sie ihren Stand so, dass man ihn von außen als aufrecht bezeichnen konnte. Sie selbst empfand ihr Stehen aber als weit nach vorne gelehnt. „Objektiv", das heißt, von außen betrachtet, stand sie ausbalanciert. Die Rückmeldung der Gruppe erstaunte sie sehr, und sie stellte fest, dass ihr Körpergefühl sie in dieser Sache irregeführt hatte. Sie stellte zudem fest, dass ihr Konzept von Größe in Wirklichkeit ein Kleinerwerden bewirkte.

Ein Teilnehmer beschrieb, dass er vorwiegend dann Probleme mit seiner Stimme bekommt, wenn er sich stimmlich Aufmerksamkeit verschaffen möchte. Wenn er lauter spricht, wird sein Hals eng, das Sprechen anstrengend und die Stimme klanglos. Zunächst dachte er, dass er etwas beim Sprechvorgang selbst falsch macht. In seiner individuellen Unterrichtseinheit erkennt er jedoch, wie viel unnötige Anspannung *im ganzen Körper* er zum Sprechen einsetzt. Diese ganzkörperliche Anspannung wirkt sich hinderlich auf die Stimmerzeugung aus. Er lernt ein wichtiges Prinzip der Alexander-Technik kennen: „Weniger ist mehr". Es besagt, dass es bei Verhaltensänderungen nicht darum geht, etwas anderes zu *tun*, sondern darum, das Überflüssige wegzulassen. F.M. Alexander beschrieb diesen Prozess so: „Wenn man aufhört, das Falsche zu tun, wird sich das Richtige von alleine tun". Durch diese neuen Herangehensweise lernt der Teilnehmer, „das Falsche zu stoppen" und dadurch seine ganzkörperliche Überspannung aufzulösen. Dadurch verbessert sich nicht nur seine Stimme deutlich, sondern er strahlt auch eine größere persönliche Präsenz aus, die ihm eine natürliche Autorität verleiht.

Wenn sie abends ihren Chor dirigiert hat, wacht eine Teilnehmerin am nächsten Morgen mit Kopf- und Nackenschmerzen auf. Sie selbst glaubt, dass das nicht so sein muss. Die Dirigentin nimmt das Publikum als Chor und dirigiert den Anfang eines Stückes. Von außen ist leicht sichtbar, dass sie außer den Armen auch den Kopf zum dirigieren stark einsetzt, indem sie ihn weit nach vorn streckt, dabei die Nackenmuskeln anspannt, und auch forcierte Dirigierbewegungen mit ihm macht. Sie spürt selbst die Anspannung im Nacken und kommt zu der Schlussfolgerung, dass diese nicht nötig sei. Wir arbeiten danach mit der Vorstellung der freien Balance zwischen Kopf und Körper. Beim nächsten Versuch nimmt sie viel weniger ihre Nackenmuskeln zur Hilfe, sondern überlässt die Dirigierbewegungen den Armen. Sie spürt, dass sie viel weniger angespannt ist, im Nacken und im ganzen Körper, doch hat sie Zweifel, ob sie nun noch ausreichend Energie und Ausstrahlung hat. Einige „Chormitglieder" melden ihr zurück, dass sie sich beim zweiten Durchgang als Sänger mehr eingeladen gefühlt haben und weniger angetrieben. Das Singen hat ihnen nun mehr Spaß gemacht. Die Signale waren für sie mindestens ebenso klar, wenn nicht sogar deutlicher. Diese Rückmeldungen waren für die Dirigentin verwunderlich. Sie stimmten mit ihren Grundannahmen nicht überein, nach denen sie auf jeden Fall „powern" muss, um ein gutes Ergebnis zu erzielen. Da sie es aber verlockend fand, morgens keine Kopf- und Nackenschmerzen zu haben, kann sie sich vorstellen, sich umzustellen.

Alexander-Technik – Wie wirkt sich die Kopf-Hals-Beziehung auf die eigene Stimme aus?

Experiment 2

Im Anschluss an den Erfahrungsunterricht in der Kleingruppe konnten die Teilnehmer in einer Großgruppen-Aktivität mit den neuen Ideen persönliche Stimmerfahrungen machen. Die Teilnehmer bekamen die Aufgabe zu summen und währenddessen ihre Kopf-Hals-Beziehung steifer zu machen und wieder locker zu lassen. Nach Rückfragen berichteten die Teilnehmer folgende Wechselbeziehungen:

Kopf-Hals-Beziehung steif – Stimme eng, klangarm, angestrengt, gedrückt

Kopf-Hals-Beziehung locker – Stimme frei, klangvoll, leicht, vibrierend

Alexander-Technik – Was nehmen die Teilnehmer mit?

Dadurch, dass der Workshop interaktiv gestaltet war, das heißt, vorwiegend von den Beiträgen der Teilnehmer geprägt war, kam ein viel breiteres Spektrum an Themen und Fragen auf, als wir hier darstellen können. In diesem Rahmen ist es uns lediglich möglich, aus den zahlreichen Beiträgen und Rückmeldungen der Teilnehmer einige Kernpunkte der Methode zusammenzufassen. Dieser Bericht stellt nicht annähernd eine vollständige Beschreibung der Alexander-Technik dar.

Die Teilnehmer meldeten zurück:

- Kleine Bewegungsveränderungen haben große Auswirkungen auf Körper, Bewegung, Stimme und Denken.

- Denken hilft!

- Es lohnt sich, einen Plan zu haben.

- Loslassen!

- Weniger ist mehr!

- Die Eigenwahrnehmung kann trügerisch sein.

- Stimmqualität hängt nicht nur von dem „Stimmapparat", sondern auch vom Gesamtzustand des Körpers ab.

- „Loslassen" statt „richtig machen".

Wir waren als Referentinnen sehr erfreut über die große Offenheit der Gruppen den neuen, manchmal unvertrauten Ideen und Erfahrungen gegenüber. Wieder einmal war es eine Bestätigung dafür, wie gut die Alexander-Technik in den künstlerisch-pädagogischen Kontext passt, und dass sie auch heute noch neue und frische Beiträge in diesem Feld beisteuern kann.

Besonders gefreut hat uns das allgemeine Interesse an der Arbeit mit Kindern. Da die Alexander-Technik eine präventive Methode ist, kann sie dazu beitragen, dass Kinder erst gar keine schwerwiegenden Probleme entwickeln. Da Kinder aber viel durch Imitation der Erwachsenen lernen, ist sie auch für Eltern, Pädagogen und Therapeuten sehr wertvoll, damit sie ein gutes Modell zur Nachahmung liefern.

Literaturangaben

[1]   Alexander FM (2001) Der Gebrauch des Selbst, Karger-Verlag,

[2]   Alexander FM (2000) Die universelle Konstante im Leben, Karger-Verlag, Basel

[3]   Gelb M (2004) Körperdynamik. Eine Einführung in die Alexander-Technik, Runde Ecken Verlag, Frankfurt

[4]   Hesz I Ein Leitfaden für die Alexander-Technik (als Download auf der Seite www.irma-hesz.de)

[5]   Hesz I , Juchems B (2010) Alexander-Technik in der Stimmtherapie. In: Sprachheilarbeit 2/2010, 89-90.

[6]   Weed D (2003) What you think is what you get. Gil Books

Zwei kleine Schrittchen vor – Singen und Bewegen in der Kinderstimmbildung

ANDREAS MOHR

Im stimmbildnerischen Arbeitsverfahren geht es immer um Bewegung und nie ohne Bewegung. Bewegung ist immer das Ziel und Bewegung ist immer die Voraussetzung. Alles fließt – πάντα ῥεῖ

Ich unterscheide dabei zwei Gruppen von Bewegungsarbeit im stimmbildnerischen Unterricht. Zum einen geht es um das Wahrnehmen und Erüben von körperimmanenten Bewegungen, die Singen überhaupt erst ermöglichen: Stimmlippenschwingung und Kehlkopfstellung, Unterkieferfall und Lippenschürzung, Zungenstreckung und Gaumensegelspannung, Brustkorbdehnung und Zwerchfellanspannung sowie unzählige weitere Bewegungen von Organen, Geweben und Muskulaturen, die im Zusammenspiel für das Funktionieren von Singen verantwortlich sind. Zum anderen verwenden wir Bewegungen, die dem Singen hinzugefügt werden, aber nicht zwangsläufig für das Singen notwendig sind. Sie können bestimmte Vorgänge im Körper unterstützen, sie lösen Verspannungen und beseitigen Verkrampfungen, erzeugen Stabilität und lassen Elastizität entstehen, stärken das Metrum- und Rhythmusgefühl, intensivieren den künstlerischen Ausdruck, helfen den Klangraum in einem selbst und außerhalb wahrzunehmen und ermöglichen, Musik und Text des gesungenen Liedes ganzheitlich zu interpretieren.

In einer praktischen Überschau soll im Folgenden an einigen Übungsliedern exemplarisch auf Bewegungsphänomene solcher stimmbildnerischer Arbeitsansätze hingewiesen werden Dabei erhebt die Auswahl weder den Anspruch auf systematische Konsequenz noch auf Vollständigkeit. In einem Workshop, wie er im Leipziger Symposium diesen Jahres an 3 Tagen fünfmal mit jeweils 70 bis 100 Teilnehmern durchgeführt wurde, stehen zuweilen ganz andere – gruppendynamischen Erfordernissen Rechnung tragend – Notwendigkeiten und Spontaneitäten im Vordergrund. Die vorliegende schriftliche Zusammenfassung beschränkt sich somit weitgehend auf die während des

Workshops miteinander gesungenen und stimmbildnerisch analysierten Beispiele.

Immanente Bewegungen beim Singen

Bewegung und Atem

Die nahezu bei allen Kindern ab etwa dem zweiten Lebensjahr zu beobachtende Hochatmung, d. h. der Verlust der Mitarbeit des Zwerchfells bei der Einatmung und die daraus resultierende Reduzierung der Einatmungsbewegungen auf Aktivitäten der sogenannten Atemhilfsmuskulatur (Hals- und Brustmuskeln) hat mehrere Ursachen. Das natürliche Zusammenziehen und Loslassen der Zwerchfellmuskeln, wie wir es bei Neugeborenen und Kleinkindern feststellen, wird ab dem Moment gestört, wenn sich das Krabbelkind aufzurichten beginnt. Ab diesem Zeitpunkt übt die Schwerkraft einen zusätzlichen Einfluss auf die Ausatmung aus, wenn die aufrechte Haltung den Brustkorb nicht weit hält, sondern beim Ausatmen zusammenfallen lässt. Bei eingesunkenem Oberkörper kann sich das Zwerchfell zum Einatmen auch nicht störungsfrei zusammenziehen, da zwischen dem erschlafften Brustkorb und dem Bauchraum kein genügender Freiraum für die Zwerchfellbewegung nach unten vorhanden ist. Die bei älteren Kindern häufig zu beobachtende nachlässige Sitzhaltung erschwert die Exkursion des Zwerchfells zusätzlich.

Wenn man auf dem Rücken liegt, ist das Zwerchfell in seiner Bewegungsfreiheit weitgehend unbeeinträchtigt, so dass jedes Kind (auch jeder Erwachsene) in dieser Haltung automatisch mit richtigen Zwerchfellkontraktionen atmen kann, wenn nicht aus welchen Gründen auch immer resultierende schwerwiegende Verspannungen der Bauchmuskulatur dies verhindern.

Kinder machen Erfahrungen mit dem Aus- und Einatmen und verbinden diese Körpervorgänge unwillentlich oder absichtsvoll mit kreativem Ausdruck. Dabei spielt die psychische Qualität des Atems eine wichtige klangformende Rolle: aus dem heftigen Ausatemstoß wird der Schrei, das behutsame Anblasen einer Flaumfeder stellt die Atemgrundlage für den geheimnisvollen oder beruhigenden Pianoton dar. Atembewegungen sind unbewusst geprägt von psychischen

Vorgängen, Stimmungen, Aktionen und Reaktionen. Das heftige Erschrecken zieht ein ruckartiges, rasches Einatmen nach sich, beim Staunen wird der Atem mit weit offenem Mund angehalten, Lachen versetzt den Atem in rhythmisches Schwingen, beim Weinen wechseln Ausatmen, Einatmen und Anhalten des Atems vielfältig ab und erzeugen durch verschiedene Atemqualitäten eine Fülle von emotionalen Klangäußerungen.

Für atemformende Spiele stehen uns zwei grundsätzliche Möglichkeiten zur Verfügung, die vielfältig eingesetzt und miteinander verbunden werden können. Der lange gleichmäßig aus- bzw. einströmende Atem und der kurze Atemimpuls. Mit dem Atemruck üben wir die schnelle, reflexartige Kontraktionsbewegung des Zwerchfells, mit dem Langatem trainieren wir das Weithalten des Brustkorbs und die Tiefstellung des Zwerchfells während der Ausatmung.

Beide Trainingsformen werden in dem nachfolgenden Atemkanon verwendet:

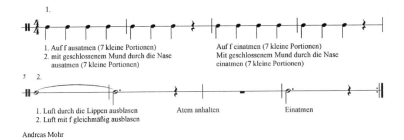

Abbildung 1: Atemkanon für zwei atmende Gruppen
aus: A. Mohr: Lieder, Spiele, Kanons. Stimmbildung in Kindergarten und Grundschule. Mainz, Schott Music 2008

Die kurzen Ausatmungsgeräusche auf [f] entstehen durch kleine ruckartige Bauchdeckenimpulse, die das Zwerchfell zu ebenso kleinen Gegenbewegungen veranlassen. In den folgenden zwei Takten werden diese Zwerchfellbewegungen bei den wiederum mit einer Art inhaliertem [f] gebildeten kurzen Einatmungsgeräuschen aktiver und bewusster vollzogen. Im zweiten Teil des Kanons sind langsame und

gleichmäßige Ausatmungsbewegungen und Anhaltephasen gefordert.
Bei der Wiederholung entstehen die Aus- und Einatmungsportionen
der ersten vier Takte nicht mehr mit Hilfe der Ventilstellung [f], sondern müssen selbständiger eingeteilt werden, was die Muskulaturar-
beit des Zwerchfells intensiviert.

Beim Einatmen auf [f] ist unbedingt darauf zu achten, dass nicht zu
viel Luft eingesogen wird und die Ventilstellung locker genug geformt
ist. Den Oberkörper während des ganzen Kanons weit und den Kopf
ruhig halten.

Ein witziges Übungsstück zum Trainieren der Haltekräfte des Zwerchfells ist folgender Kanon auf einen Text von Goethe. Die Achtelpausen
fordern das Zwerchfell immer wieder zu ruckartigen Kontraktionen
auf. Die langen Schlusstöne der drei ersten Zeilen lassen sodann die
Rückhaltekraft des Zwerchfells bereits gestalterisch einsetzen. In der
letzten Kanonzeile bleibt das vom Textdichter verschwiegene Reim-
wort nach kurzem, kräftigem Ansprechen des [sch] durch plötzliches
Luftanhalten stumm.

Abbildung 2: Annonce. Kanon zu vier Stimmen
aus: A. Mohr: Praxis Kinderstimmbildung. Mainz,
Schott Music 2004

Nicht laut singen, aber mit genauer rhythmischer Präzision. Das Tempo nicht zu schnell nehmen, damit die Sechzehntel-Läufe der letzten
Kanonzeile locker perlend gelingen können.

Bewegung und Artikulation

Für das gesunde Funktionieren aller beim Singen beteiligter Organe und Muskeln ist ein reibungsfreies Zusammenspiel der Artikulationswerkzeuge unabdingbar. Zunächst stellen für eine physiologisch richtige und deutliche Textaussprache präzise Bewegungen von Zunge, Lippen und Unterkiefer eine unverzichare Voraussetzung dar. Darüber hinaus ist die unverspannte Unterkieferbeweglichkeit eine wichtige Bedingung für saubere Intonation und Klangvorstellung. Inneres Hören gelingt nur bei störungsfreier Verbindung zwischen Mund-/Nasenraum und Mittelohr.

Mit Konsonantenspielereien und Geräuschimitationen, Wort- und Silbenrepetitionen, Abzählversen und Zungenbrechern lassen sich regelrechte Trainingsprogramme für das Erüben sauberer Artikulationsbewegungen erstellen. Solche gymnastischen Spiele für die Artikulationsorgane können immer wieder „zwischendurch" aufgegriffen werden und ohne viel Einstudierungsaufwand und begleitendes Bewegungsspiel einfach produziert werden.

Zwei unterschiedliche Beispiele mögen die Vielfalt der Einsatzmöglichkeiten demonstrieren:

T / M: aus Malaysia überliefert

Abbildung 3: Billa boo. Silbenlied
aus: A. Mohr: Lieder, Spiele, Kanons. Stimmbildung in Kindergarten und Grundschule. Mainz, Schott Music 2008

Vorne gebildetes [b] und die Zungenspitzenaktivität des [l] verbinden sich mit den drei Vokalen [a], [i] und [o] zu einer guten Artikulationsübung und bringen den Klang der Stimme nach vorne oben.

Nicht schreien, aber mit tänzerischer Elastizität immer locker und

federnd leicht singen. Man kann das Liedchen in den verschiedensten
Stimmungen gestalten: traurig, fröhlich, tänzerisch, ausgelassen, frech
etc.

Wenn man der Melodie dreisilbige Wörter unterlegt, die ununterbro-
chen syllabisch – auch gegen die Betonungen – weitergesungen werden, entsteht ein lustiges Übungslied für präzise Artikulation nach
dem Muster des bekannten „Tomatensalat":

Abbildung 4: aus: A. Mohr: Lieder, Spiele, Kanons. Stimmbildung in
Kindergarten und Grundschule. Mainz, Schott Music
2008

Immer nach drei Durchgängen kommt man am Ende des Liedes wieder mit der richtigen Betonung an.

Bei der Auswahl der Wörter sollte man darauf achten, keine zu
schwierigen Lautkombinationen zu wählen (leicht: Autobahn, Ofen-
rohr; schwierig: Sonnenschein; sehr schwierig: Schlossgespenst).

Auf die Viertel entsprechend der jeweiligen Stimmung klatschen,
streicheln, kratzen, schlagen etc.

Unterkieferlockerung und Zungentraining stehen im Vordergrund des
Kanons „Ein Viergespann", rasche Artikulationen in schnellen Wiederholungen stellen das Arbeitsmaterial dar. Der Kanon wird beliebig
oft wiederholt und schließt mit der Fermate in Takt 4. Der Septakkord
kann nach einem langen Schlusston mit dem gemeinsam gesprochenen Text „holt die Zunge nicht ein" aufgelöst werden. Kinder sind
immer wieder fasziniert von der Wahrnehmung, dass nach den Takten mit der scheinbaren rhythmischen „Unordnung" des gleichzeitigen
Dreiviertel- und Vierviertaltakts beide Stimmen in die „geordnete"
Einstimmigkeit zurückfinden.

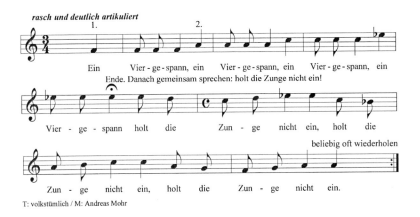

Abbildung 5: Ein Viergespann. Perpetuum-mobile-Kanon für zwei
Gruppen
aus: A. Mohr: Handbuch der Kinderstimmbildung.
Mainz, Schott Music 1997

Bewegung und Raumformung

Klänge suchen und Räume finden: Das Bewusstmachen von Klang-
farben und Helligkeitsstufen erschließt den Kindern die Palette
der Vokale und vermittelt ihnen den kontrollierten Umgang mit
Mundraumweite und Lippenrundung. Zusammenhänge zwischen Vo-
kal, Lautstärke und psychischem Ausdruck lassen sich in Liedern,
Spielhandlungen und mit Klangimitationen vielfältig darstellen. So
erwerben Kinder Erfahrungen mit dem Kopfraum als wichtigem
Resonanzbereich und laufen weniger Gefahr, ihre Stimme im Brust-
registerbereich zu isolieren. Dabei gilt es, Extremstellungen von
Mund und Lippen vermeiden zu lernen, Sicherheit im Grad der
Mundöffnung zu erwerben sowie durch Zuhören und Erspüren ein
Gefühl für das Vereinheitlichen der Vokalräume zu wecken.

Das folgende Lied ist ein Übungslied für runde Vokalformung und
Vokalausgleich. Der jedem Vokal vorgeschaltete Konsonant [b] rundet
den Lippenring und sorgt für lockere Unterkieferbeweglichkeit. Die
Reihenfolge der Vokale geht vom [u] und [o] aus, so dass die runde
Mundform für alle Vokale leicht erreicht werden kann.

Abbildung 6: B und U. Vokalausgleichslied
aus: A. Mohr: Lieder, Spiele, Kanons. Stimmbildung in
Kindergarten und Grundschule. Mainz, Schott Music
2008

Die Lippen beim [b] nicht zusammenpressen, sondern bei leicht schnu-
tiger Lippenform locker aufeinander legen. Die runde Mundstellung
von [u] und [o] auch bei den hellen Vokalen [e] und [i] beibehalten,
die Lippen nicht breit ziehen. Beim [a] den Mund nicht gewaltsam
aufreißen, sondern locker nach unten öffnen.

Neben dem gemeinsamen Singen des ganzen Liedes sind auch Auftei-
lungen auf verschiedene Akteure möglich:

Die Lehrperson singt den 1. Takt („B und U gibt"), die Kinder antworten mit dem 2. Takt („BU"), Takt 5-8 singen dann alle gemeinsam. Sinngemäß geht es bei der Wiederholung und nach dem Dop-
pelstrich weiter. Auch zwei Kindergruppen können sich gegenseitig
ansingen. Die Silbenfolge „bu bo ba be bi" singen alle gemeinsam
oder abwechselnd verschiedene Kinder. Auch das Verteilen aller Melodietöne auf einzelne Kinder ist ein nützliches Mittel zur Steigerung
der Konzentration.

Hinzugefügte Bewegungen beim Singen

Körperperkussion und Fingerspiel

Alle Sinne können helfen, der Stimme ihre ganze Palette an Möglichkeiten zu erschließen. Klatschen und Patschen, Klopfen und Tippen, Streichen und Greifen – das wiederholte regelmäßige Berühren des eigenen Körpers während Singen stellt eine ganzheitliche Verbindung zwischen dem Fließen des Atems, der Vibration von Resonanzzonen und metrisch-rhythmischen Formen dar. Kinder erleben das Singen als eine den ganzen Körper erfassende Tätigkeit und einen aus allen Sinnen entspringenden Ausdruck. Der Mikrokosmos des Fingerspiels bei den Kindergartenliedern von Friedrich Fröbel, die Flugsensation des Sturzes bei den Kniereitern oder der simulierte Tanz der Fingerspitzen, das begleitende Klatschmetrum beim Popsong oder das Patschen im Kreis bei den Unsinngesängen – das Singen in Verbindung mit Körperperkussion erfasst den ganzen Menschen und nicht nur ihn allein: die ganze Gruppe wird zum gemeinsamen Instrument, zum umfassenden Klangkörper.

Das Synchronisieren von Singen und Körperbewegungen beginnt mit ganz einfachen Fingerspielen. Hier wird geübt, dass die Hand-

T: Friedrich Fröbel (1782 - 1852) / M: Andreas Mohr

Abbildung 7: Es saßen zwei Tauben. Fingerspiel für ganz junge Kinder
aus: A. Mohr: Lieder, Spiele, Kanons. Stimmbildung in Kindergarten und Grundschule. Mainz, Schott Music 2008

bzw. Fingerbewegungen an den richtigen Textstellen und im richtigen Rhythmus bzw. Metrum erfolgen. Einfache, von oben in kleinen Sprüngen fallende Melodien erziehen zu lockerem, unverspanntem Singen und zu präziser Artikulation.

Vorschläge für zwei Möglichkeiten für das Fingerspiel:

1. Haus aus zwei Händen

   Vier Finger jeder Hand liegen mit ihren Spitzen aneinander und bilden zusammen mit der abgewinkelten Hand ein Haus. Beide Daumen sind die Tauben und (sitzen auf der Dachkante (liegen an den Zeigefingern). Zu den entsprechenden Textstellen bewegen sich die Daumen vom „Hausdach" weg und zu ihm hin. In der Schlusszeile fröhlich mit den Daumen wackeln.

2. An der Stuhllehne

   Beide ausgestreckte Zeigefinger auf die Stuhllehne (Tischkante) auflegen, an den entsprechenden Textstellen in die Luft heben und wieder auf die Stuhllehne legen.

Das Lied kann auch gut im Vorsing-Nachsing-Stil musiziert werden,

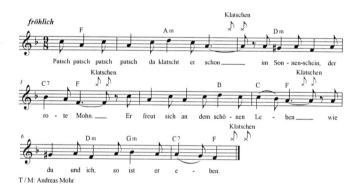

Abbildung 8: Klatschmohn. Klatschlied
aus: A. Mohr: Lieder, Spiele, Kanons. Stimmbildung in Kindergarten und Grundschule. Mainz, Schott Music 2008

indem die Erzieherin einzelne Abschnitte vorsingt und von den Kindern nachsingen lässt.

Die beiden Lieder in Abb. 8 und 9 stellen unterschiedliche Klatschaufgaben und führen in Metrum und Rhythmus ein.

Am Ende der langen Schlusstöne jeder Zeile wird jeweils zweimal geklatscht (siehe Eintrag in den Noten). Die Kinder erwerben ein Bewusstsein für die Form des Liedes, da immer an derselben Stelle geklatscht wird und so das Lied in vier Zeilen jeweils gleicher Bauart erkennbar wird. Zudem entsteht ein Gefühl für den durchgehenden Achtelpuls.

Die Klatschaufgabe des folgenden Liedes ist etwas komplizierter. Es wird nicht immer an derselben Stelle des Liedes geklatscht und auch nicht immer gleich oft. An einigen Stellen wird gar nicht geklatscht, obwohl man es erwartet. Die einfache, aber rhythmisch animierende Melodie erzieht zu präzisen Aktionen.

Abbildung 9: Husten, Schnupfen. Klatschlied
   aus: A. Mohr: Lieder, Spiele, Kanons. Stimmbildung in Kindergarten und Grundschule. Mainz, Schott Music 2008

Locker und unverkrampft singen, am besten im Stehen oder Gehen
(Schritte im Metrum). Nicht schreien. Während des Gehens das Singen und Klatschen nicht vergessen!

Echte Bewegungslieder

Unter echten Bewegungsliedern sind in der Kinderstimmbildung solche Lieder gemeint, in deren Texten konkrete Aufgaben beschrieben werden, wie während des Singens Bewegungen vollzogen werden
sollen. Meist sind dies ganz einfache Vorgaben, die zu allgemeiner
Körperlockerung verhelfen oder bestimmte Muskelpartien trainieren
sollen. Werden die Bewegungen solcher Lieder nicht sorgfältig genug
auf die stimmbildnerischen Zwecke abgestimmt, können die geforderten Bewegungen unter Umständen auch kontraproduktiv wirken, d.
h. für Stimmbildung nicht geeignet sein.

Die beiden folgenden Lieder wurden für den Workshop anlässlich des

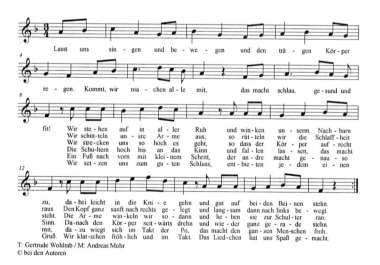

T: Gertrude Wohlrab / M: Andreas Mohr
© bei den Autoren

Abbildung 10: Lasst uns singen und bewegen
aus: A. Mohr: Lieder, Spiele, Kanons. Stimmbildung in
Kindergarten und Grundschule. Mainz, Schott Music
2008

diesjährigen 9. Leipziger Symposiums „Kinder- und Jugendstimme"
eigens neu verfasst, um die Gattung zu dokumentieren.

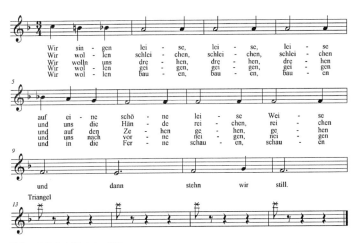

T: Gertrude Wohlrab / M: Andreas Mohr
© bei den Autoren

Abbildung 11: Wir singen leise
aus: A. Mohr: Lieder, Spiele, Kanons. Stimmbildung in
Kindergarten und Grundschule. Mainz, Schott Music
2008

In beiden Liedern werden während des Singens die im Text beschriebenen Bewegungen und Handlungen vollzogen. Sie erklären sich weitgehend selbst.

Im zweiten Lied tritt ein weiteres Element hinzu: Während der vier
letzten Takte stehen alle Kinder still und aufrecht und lauschen dem
Triangel, der jeweils auf den ersten Taktschlag einen zarten Klang
erzeugt. Ist das Lied bekannt, kann auch ab der 2. oder 3. Strophe
auf den Triangelschlag verzichtet werden und beim ruhigen aufrechten
Stehen innerlich mitgehört werden. Dies fördert das aktive Lauschen
und die Tonvorstellungsgabe.

Tanz und Formation

Abbildung 12: Salibonani. Morgenlied
Salibonani (Ndebele-Sprache) = Guten Morgen
aus: A. Mohr: Lieder, Spiele, Kanons. Stimmbildung in
Kindergarten und Grundschule. Mainz, Schott Music
2008

Das Lied eignet sich zum abwechselnden Singen von zwei Gruppen
oder mehreren Einzelpersonen. Auch das Verteilen der Melodietöne
auf alle Kinder ist mit diesem Lied gut möglich. Dabei muss besonders
auf die raschen Wechsel bei den Achtelnoten geachtet werden.

In Takt 2, 4, 6 und 8 auf Schlag 4 klatschen oder Klanghölzer aneinander schlagen (siehe Notentext).

Zwei Vorschläge zur Bewegungsgestaltung:

- Einfache Formation

  Die Kinder stehen sich in zwei Reihen gegenüber.
  Takt 1-2: Mit Schritt und Anstellschritt im Metrum aufeinander zugehen.
  Takt 3-4: Mit Schritt und Anstellschritt im Metrum rückwärts voneinander weggehen.
  Takt 5-6: Jedes Kind dreht sich rechts um sich selbst.
  Takt 7-8: Jedes Kind dreht sich links um sich selbst.

- Kreisspiel mit Ball

  Die Kinder stehen sich in Doppelkreisen auf Lücke gegenüber,
  jedes zweite Kind des Innen- oder Außenkreises hat einen Ball,

der taktweise weitergereicht wird. Mit der Übergabe und dem Empfang des „Geschenkes" jeweils einen Knicks oder eine Verbeugung vollführen.

Mit der Wiederholung des Liedes kann immer ein Richtungswechsel erfolgen.

Interpretierende Bewegungsbegleitung

Interpretatorische Gesten helfen, den Körper für das Singen in entsprechende muskuläre Elastizität zu versetzen. Dabei muss dafür gesorgt werden, dass die Gesten nicht überzeichnet werden. Wilde Bewegungen führen zu Körperunruhe und mangelnder Luftbeherrschung.

Bei vielen Liedern können im Laufe des mehrmaligen Singens die gesungenen Textwörter bzw. Abschnitte sukzessive durch die dazugehörigen Gesten ersetzt werden. Die ausgelassenen Takte müssen aber immer innerlich mit gesungen werden, weil sonst der melodische Anschluss nicht gelingt. Dies fördert das „innere Hören".

T / M: volkstümlich

Abbildung 13: In dem Wald. Lied mit interpretatorischen Gesten aus: A. Mohr: Lieder, Spiele, Kanons. Stimmbildung in Kindergarten und Grundschule. Mainz, Schott Music 2008

Interpretatorische Gesten:

- Takt 1+2: Ein Haus in die Luft zeichnen.

- Takt 3+4: Mit den gerundeten Händen „ein Fernglas" vor die Augen halten.

- Takt 5+6: Schnelle Laufbewegungen mit den Armen nachzeichnen.

- Takt 7+8: Klopfbewegungen mit den Händen an eine imaginäre Tür.

- Takt 9+10: Händeringen über dem Kopf.

- Takt 11+12: Mit den Armen ein Gewehr formen und zielen.

- Takt 13+14: Heranwinken.

- Takt 15+16: Sich selbst oder dem Nachbarn die Hand geben.

Das Lied wird insgesamt achtmal wiederholt. Bei jeder Wiederholung werden zwei weitere Takte nicht mehr gesungen, sondern nur stumm mit den Armbewegungen gezeichnet. Beim letzten Durchgang wird überhaupt nicht mehr gesungen, sondern nur noch die Gesten produziert.

Das Ganze geht auch „rückwärts": Das erste Mal wird nur in die Luft gezeichnet, beim zweiten Mal werden nur die letzten zwei Takte auch gesungen, usw. bis das ganze Lied vollständig erklingt. Für diese Version singt man am besten zunächst das Lied einmal komplett mit den Gesten bis zum Ende und beginnt dann mit dem stummen Durchgang.

Eine interessante Variante von Übungen mit interpretierenden Bewegungen stellen Stimmbildungsgeschichten dar. Hier werden kleine Aktionen interpretierend mit- und nachgespielt. Stimmbildnerisch besonders effektiv sind dabei solche Abläufe, wo die Geschichte nach jeder Aktion immer wieder von vorn beginnt und so vielfältige Wiederholungen ermöglicht. Die stimmerzieherische Beeinflussung vollzieht sich dabei ganzheitlich, so dass sie besonders gut zum Kennenlernen der Stimme und zur Konzentrationsschulung geeignet sind.

Auch für die Arbeit mit Brummern ist das vielfältige Abwechseln von Zuhören, Geräusche imitieren, Klänge ohne und mit tonaler Bindung produzieren und den ständig lockernden und vom Stimmgeschehen ablenkenden Körperbewegungen ein nützliches Mittel.

Die Lehrperson erzählt die Geschichte und macht die jeweilige lautmalerische Aktion vor, die von den Kindern wiederholt wird. Gesten und Körperbewegungen begleiten den Vorgang. Nach jeder Aktion wird immer wieder von ganz vorne mit allen Aktionen begonnen, ohne dass die Geschichte in ihren Einzelheiten wiederholt werden müsste. Die Bewegungen sowie eventuelle Stichwörter helfen der Erinnerung. Sehr aktiv und suggestiv vormachen. Bei heftigen und lautstarken Aktionen nicht übersteuern. Die leisen Geräusche und die Lausch- bzw. Ruhephasen nicht zu kurz nehmen. Immer auf aktives Mitvollziehen achten.

Geschichte	Lautmalerische Aktion Geste / Bewegung	Stimmbildnerische Wirkung
Auf der Wiese steht eine kugelrunde Pusteblume und schaukelt sanft hin und her:	keine akustische Aktion Die Arme über den Kopf heben und mit dem ganzen Körper leicht hin und her wiegen	Körperliche und mentale Einstimmung in die Geschichte
Ein plötzlicher Windstoß löst die Samen aus der Pusteblume, die heftig umherwirbeln:	tsch tsch tsch tsch Bei jedem Ausatemstoß rasch einmal um sich selbst herumdrehen	Atemgymnastik mit Beteiligung des ganzen Körpers
Die Samen schweben hoch in der Luft wie kleine Fallschirme:	mmmm mmmm mmmm (kleine Glissandobewegungen auf und ab) Mit ausgebreiteten Armen langsam drehend durch den Raum tanzen	Weckung der Randschwingung

Sie senken sich und landen sanft auf der Erde:	dünn dünn dunn (auf fallende Kleinterz singen und mehrfach wiederholen) Stehen bleiben, die ausgebreiteten Arme langsam wieder herunterführen und in die Hocke gehen	Kopfstimme sichern und mit Vordersitz verbinden. Tonvorstellungsvermögen aktivieren.
Dicke Regentropfen fallen rechts und links daneben ins Gras und manch einer trifft auch genau:	*Plopp plopp plopp platsch* mehrfach wiederholen In der Hocke die Arme schützend über den Kopf halten	Ausweitung des Tonraums. Zwerchfellaktivierung, Artikulationstraining
Nach dem Regen legen sich die Samen nass und müde zum Schlafen hin und träumen:	*Su su su su su su Su su* ganz leise mehrfach wiederholen In der gehockten Haltung langsam hin und her wiegen	Vergrößerung des Tonraums bei gleichzeitiger Intensivierung der Kopfstimme
Während die Samen schlafen, schieben sich kleine Wurzeln in die Erde, und es erheben sich kleine Stengel:	*dü dü du, dü du du.* Langsam erheben, dabei alle Gliedmaßen strecken	Stabilisierung der Stimmgebung und Aufbau des Körpers als Instrument
Die Sonne scheint und bald schon stehen lauter goldgelbe Löwenzahn-Blüten auf langen, geraden Stengeln:	Lied „Pusteblume"(s. u.)	Förderung der Randschwingung und der weichen Stimmgebung, Vordersitz, Artikulation

Tabelle 1: Pusteblume. Mitmachgeschichte und pentatonisches Lied

T / M: Andreas Mohr

Abbildung 14: Pusteblume. Mitmachgeschichte und pentatonisches Lied
aus: Andreas Mohr, Lieder, Spiele, Kanons. Stimmbildung in Kindergarten und Grundschule. Schott Music, Mainz 2008

Die sanft schwingende Sechsachtel-Melodie führt mit kopfstimmigen Vokalen zunächst vorwiegend in kleinen Sprüngen abwärts. In der dritten Zeile schwingt sie sich zum Spitzenton empor, der mit dem Vokal a weit und offen gesungen werden kann. Die Schlusszeile kehrt mit den Randschwingung und Vordersitz fördernden Silben [su], [dü] und [du] und einer girlandenartig abschwingenden Tonfolge zur weichen Kopfstimme zurück.

Immer zart und eher leise singen. Auch die kräftigeren Konsonanten [p] und [t] in Pusteblume nicht zu hart artikulieren, sondern kurz und knapp in den Klangstrom einfügen.

Schlussbemerkung

Singen und Bewegen sind untrennbar miteinander verbunden, weil Singen ohne Bewegen eben einfach unmöglich ist. Der Stimmbildner wird selbstverständlich fortwährend nach den richtigen körperspezifischen Bewegungen beim Singen suchen und seine Schüler dazu an-

halten, die Stimme in gesunder Weise zu benutzen. Die körperimmanenten Bewegungen sind also Gegenstand jeder stimmbildnerischer
Arbeit.

Dem Singen hinzugefügte Bewegungen können vielfältigen stimmbildnerischen Nutzen erbringen, wenn sie klug ausgedacht und mit
dem Singen stimmig verbunden werden. In der Kinderstimmbildung
wird man dabei vorwiegend auf andere Schwerpunkte achten als in
der Arbeit mit Erwachsenen. Einerseits stellt die natürliche Affinität
von Kindern zu allen Köperbewegungen ein riesiges Potential dar,
andererseits legt die entwicklungsbedingt noch in der Vervollkomm-
nung begriffene Grob- und Feinmotorik des Kindes Behutsamkeit und
Sorgfalt in der Auswahl nahe. In wie weit beide Trainingsbereiche, der
bewegungstechnische und der stimmliche miteinander sinnvoll kombiniert werden können, muss für jede stimmbildnerische Absicht immer
wieder genau abgewogen werden.

Stimme und Körper

PANDA VAN PROOSDIJ

Übersetzung aus dem Englischen: Sebastian Dippold

Einleitung

In den letzten vier Jahren habe ich an einer Methode gearbeitet, die ich „Stimme und Körper" nenne. Ausgangspunkt dieser Methode ist der Gedanke, dass eine gute körperliche Verfassung und Einstellung zur einer Verbesserung der stimmlichen Qualität führt. Abgesehen von einer gesunden Körperhaltung während des Singens, beinhaltet diese Methode drei wichtige und voneinander abhängige Bestandteile: Energie, Konzentration und Einstellung (Fokussierung).

Mit Hilfe verschiedener Übungen versuche ich diese drei Komponenten zu verbinden, um dann während der Proben und Konzerte eine Einheit dieser Eigenschaften zu verwirklichen.

Wie entstand diese Anleitung?

Bevor ich begann diese Anleitung zu entwerfen, habe ich mit unterschiedlichsten Chören zusammen gearbeitet. Hierbei stellte ich fest, dass ein Großteil dieser Chöre ohne Energie und ohne Fokussierung sang. Natürlich bemerkten alle Chorleiter dieses Problem, doch waren sie nicht in der Lage die Situation mit Hilfe von Sätzen wie: „Singt doch mit mehr Energie und Fokussierung!" zu ändern. Es blieb also die Frage: Wie?

Ich versuchte den Sängern zu erklären, auf welche Weise sie ihre Energie und ihre Fokussierung mit Hilfe von Bewegungen ändern konnten. Das war neu für die Chorsänger, da es natürlich eine andere Art des Ausdrucks ist. Nach einiger Zeit entschied ich, mich auf diesem Gebiet zu spezialisieren. Grund hierfür waren diesbezügliche Anfragen aus der gesamten Chorwelt. All das findet sich nun in einer Methode wieder, die ich in jeder Meisterklasse und mit jedem Sänger, Chorleiter oder Chor anwende.

Für Sänger(-innen) und Chorleiter

Seit einiger Zeit verwende ich meine Methode zusätzlich bei der Arbeit mit Chorleitern, da auch das Dirigieren die Unterstützung des Körpers erfordert. Viele Dirigenten bauen während des Dirigierens vor dem Chor eine enorme Spannung auf. Sie wollen nicht nur die volle Aufmerksamkeit aller Sänger, sondern sie möchten sie auch durch die unterschiedlichen Stimmungen und dynamischen Veränderungen führen. Um dies erreichen zu können und um Stress und Verletzungen zu vermeiden, brauchen sie eine gesunde körperliche Verfassung. In meinen Unterrichtsstunden arbeite ich mit ihnen am Aufbau körperlicher Kraft und daran, einen Ausgleich zwischen Spannung und Entspannung zu erreichen. Ich denke dass es für einen Chorleiter wichtig ist, hinsichtlich der Körperspannung ein gutes Vorbild für seine Sänger(-innen) zu sein. Denn Menschen übernehmen die ihnen vorgelebte Körpersprache.

Was könnte also besser sein, als ein Chor, der so gut und gesund singt wie Du dirigierst?

Die Sänger(-innen) müssen nicht tanzen!

Wenn man mit Sängern auf der Bühne arbeitet ist es wichtig, sich klarzumachen, dass Bewegungen eher der Unterstützung des Wortes dienen und kein reines Tanzen sind. In der Vergangenheit gab es Vermischungen zwischen Bewegung/Tanzen und chorischem Singen, oft mit Tänzern, die nichts von dem Instrument Stimme verstanden. Dies führte zu Spannungen, da die Bewegung meistens nicht zur Unterstützung der Stimme beitrug. Es ist ein großer Unterschied, ob man mit Sängern aus der Sicht eines Tänzers arbeitet oder die Bewegung zur Unterstützung des Gesungenen in den Vordergrund stellt. Der Sänger muss nicht tanzen! Er muss seinen Körper kennen lernen und eine Verbindung zwischen ihm und seiner Stimme herstellen. Egal ob er während des Singens sitzt oder steht, sein gesamter Körper sollte die Stimme unterstützen. Dies wird nicht nur zur Qualität des Singens während der Proben beitragen, sondern auch zur Art und Weise der Aufführung.

Körperübungen und Bühnenaufführung (Staging?)

Seit einigen Jahren arbeite ich als Bewegungstrainer (und Direktor) mit Wilma ten Wolde vom niederländischen Kinder- und Jugendchor. Das heißt, dass ich außer den Körperübungen, die ich mit den Sänger(-innen) mache, auch ein Performingkonzept für jedes Konzert erarbeite. Dieses Konzept beinhaltet die Festlegung der Reihenfolge und die Gestaltung der Übergänge zwischen den Songs.

Man erreicht dadurch eine gute Konzentration und Stimmung im Konzert und verhindert Unterbrechungen für das Publikum. Manchmal entscheide ich mich lediglich für eine spezielle Aufstellung während eines Songs, ein anderes Mal entwerfe ich Bewegungen, um dem gesungenen Inhalt besonderen Ausdruck zu verleihen. Ich glaube, dass dies die einzige Möglichkeit ist, einen wirklichen Beitrag zum Singen zu leisten.

Übungen

Aufwärmübungen:

Aufwärmübungen vor dem Singen, Dirigieren oder dem Spielen eines Instrumentes sind wichtig. Die folgenden Aufwärmübungen dienen der direkten Vorbereitung dieser Tätigkeiten. Man braucht keine Vielzahl von Einsingübungen nach dem Aufwärmtraining. Wenn es möglich ist, beginnen Sie die Probe, indem Sie sich auf den Boden legen.

Liegende Position:

Ausgangsposition: Lege Dich auf den Rücken, Arme und Beine lang ausgestreckt und entspannt, die Arme im 90-Grad-Winkel zum Körper

1. Entspanne alle Muskeln im Gesicht, den Händen/Fingern, Füße/Zehen.

2. Lasse all Deine Körperteile tief in den Boden sinken, von Kopf bis Fuss.

3. Nimm Deine Arme über den Kopf und strecke sie.

4. Ziehe Deinen Bauch ein und versuche, den Bauchnabel nach oben bis unter die Rippen zu bringen.

5. Schliesse Deine Achselhöhlen an die Taille (Lege die Arme dicht an den Körper).

6. Ziehe die Beine an.

7. Stelle Deine Füße fest auf den Boden (im Dreieck: grosse Zehe, kleine Zehe, Ferse).

8. Bewege Dein Becken von hinten nach vorne und zurück.

9. Finde eine bequeme Lage (Mittellage) für Dein Becken (Steissbein auf dem Boden).

10. Hebe abwechselnd den rechten, bzw. den linken Fuss und führe dabei Übung Nummer 3 und 4 durch.

11. Ziehe die Beine mit deinen Armen zur Brust (dehnen).

12. Rolle Dich zur Seite ab und stehe langsam auf.

Sitzende Position:

Ausgangsposition: Setze Dich an den Stuhlrand, die Beine um 90 Grad abgewinkelt, beide Füße fest auf dem Boden (Denke an das Dreieck: grosse Zehe, kleine Zehe und Ferse).

Sitze aufrecht, Rücken und Hals gerade, die Augen auf den Horizont gerichtet. Schliesse Deine Augen für eine Minute, um Dich auf das Atmen zu konzentrieren und den Kopf frei zu bekommen.

Verwende Deine Atmung während der ganzen Übungen!

1. Kopf

   • rechts/links

   • runter/hoch

   • von einer Seite zur anderen

2. Schultern

   • nach hinten kreisen (4x) = A

- nach hinten kreisen mit den Händen auf den Schultern (4x) = B

- Kreise den rechten Arm und lege die linke Hand auf die rechte Schulter und dann umgekehrt (2x) = C.

- Kombiniere: 1x A, 1x B, 1x C (in stehender/sitzender Position).

- Reibe die Hände aneinander.

- Massiere Dein Gesicht mit den Händen.

- Falte die Hände und beschreibe Kreise, bzw. Wellen (elektrischer Boogie), dehnen.

3. Brustkorb

- nach rechts/links kippen

- nach rechts/links drehen

- vorwärts (Delfin)/ rückwärts

4. Becken

- rückwärts/vorwärts

- in Kreisen

5. gesamter Torso

- kreise Becken, Brustkorb, Schultern und Kopf

Stehende Position

Hierbei geht es um die Anregung der Blutzirkulation und um die Aufwärmung des Körpers.

1. Schüttle alle Körperteile: Arme, Hüfte, Schultern, Kopf.

2. Klopfe den ganzen Körper mit deinen Händen ab.

3. Reibe die Hände aneinander.

4. Massiere Dein Gesicht mit den Händen.

5. Grimassieren

6. Falte die Hände und beschreibe Kreise, bzw. Wellen, dehnen.

7. Schulterbewegungen (s.o.)

8. Bewege den Brustkorb von rechts nach links und vor und zurück.

9. Beschreibe Kreise mit dem Becken, „schreibe" deine Telefonnummer (so groß wie möglich).

10. Mache Kniebeugen, lasse Deine Arme dabei schwingen (Springe ab und zu hoch und lande, indem Du zuerst mit den Fussspitzen aufkommst und dann zur Ferse hin abrollst.)

11. Stehe auf einem Bein, kreise den Fuss des anderen Beines (rechts/links)

Selbstverständlich können Übungen in jeder Position ergänzt oder weggelassen werden. Es ist nicht notwendig, alle Übungen in jeder der drei Positionen durchzuführen. Man kann auch nur eine der drei Positionen, z. B. für ein kurzes „warm-up", verwenden. Um sich aber gründlich aufzuwärmen, sollte man mindestens zwei der drei Übungszyklen durchführen.

Energie, Einstellung und Konzentration

Diese drei Bestandteile gehören unbedingt zusammen. Um Dich zu konzentrieren brauchst Du Energie und die richtige Fokussierung, für die Fokussierung brauchst Du Energie und Konzentration und für die richtige Energie brauchst Du Konzentration und Fokussierung.

Was ist Fokussierung?

Dies ist eine oft gestellte Frage. Mit Fokussierung meine ich: Sei frisch und klar, benutze Deine Augen, um wirklich zu sehen und sei aufmerksam für das, was Du tust.

Mit den folgenden Übungen kann die Verbindung der drei Disziplinen verbessert werden.

ZAP - Übung

Ausgangsposition: ein Kreis mit maximal 10 Personen (bei großen Gruppen bitte aufteilen)

Eine Person beginnt und übergibt zur nächsten Person, indem sie auf diese „schießt" (symbolisch mit der Hand) und gleichzeitig „ZAP" ruft. Dabei ist es wichtig, schrittweise das Tempo zu steigern.

Ziel: Entwicklung einer klaren Fokussierung, eines aktiven Muskeltonus und Zusammenarbeit innerhalb der Gruppe

Varianten:

- Vornamen

- ZIP (Nachbar), ZAP (andere Personen im Kreis)

- BOING (Antwortsignal)

- Durchführung der Übung zweimal hintereinander

„Pass on the clap"

Ausgangsposition: ein Kreis mit der gesamten Gruppe

Eine Person beginnt, indem sie in die Hände klatscht und gleichzeitig die nächste Person (gegenüber oder nebenan) anschaut. Dies soll in einem gleichmäßigen Tempo geschehen. Schau die Person an, von der Du den Händeschlag bekommst und welcher Du den Händeschlag weitergibst.

Varianten:

- Klatsche mehr als einmal in die Hände

- Klopfe auf andere Dinge (Laufrichtung entgegengesetzt des Uhrzeigersinns)

Ziel: Einhaltung eines Tempos innerhalb der Gruppe, Entwicklung einer klaren Fokussierung, Gefühl der Erdung aus dem Becken, ein aktiver Muskeltonus

HOSSA - Übung

Ausgangsposition: Beuge die Knie, beuge die Arme und mache Fäuste
(Bildvorstellung: Sumo-Ringer)

- Springe vorwärts und rufe dabei das Wort „HOSSA", sehr kurz,
  klar und mit Kraft

Man kann diese Übung jeden für sich alleine machen lassen, DU
machst die Übung vor und die gesamte Gruppe macht die Übung
gleichzeitig mit Dir.

Ziel: Entwicklung eines aktiven Muskeltonus, Konzentration auf den
Mittelpunkt des Körpers, Erdung des Körpers

HUP - Übung

Laufe durch den Raum und befolge alle Anweisungen so schnell wie
möglich:

- HUP = Richtungswechsel

- HO = still stehen, beuge die Knie, Hände „auf dem Tisch"

- FORWARD = Hossa

- BACKWARDS = springe so hoch wie möglich rückwärts

- HINK = balanciere auf einem Bein

Ziel: Entwicklung eines besseren Körperbewusstseins, eines aktiven
Muskeltonus, eines konstanten Energielevels, einer besseren Konzentration und Fokussierung

Diese Übung ist anstrengend, weil sich jeder frei im Raum bewegt.
Dadurch ist es schwieriger, die Konzentration zu halten! Ein aktiver Muskeltonus wird die Energie während des Singens im Stehen
verbessern.

Einige Menschen haben die Neigung, sich während der Probe abzu-
kapseln, aber wenn es gelingt, ihnen zu zeigen, wie sie ihre Energie

freisetzen und aufrechterhalten können, dann wird dies zu einer Änderung ihrer Köpersprache und Mitarbeit führen.

Grundposition:

Um eine gesunde und brauchbare Grundposition zu erreichen, muss man sich der drei oben genannten Bestandteile bewusst sein und sie anwenden. Außerdem braucht der Körper eine Mischung aus Spannung und Entspanntheit.

1. Stelle Deine Füße in etwa Hüftabstand nebeneinander, die Füße zeigen nach vorne.

2. Bewege Dein Becken vor und zurück und finde Deine Mittellage.

3. Entspanne die Fußgelenke.

4. Strecke die Knie nicht ganz durch, aber halte sie trotzdem unter Spannung.

5. Das Becken soll gerade und zentral in Deiner Senkrechten liegen (denke abwärts).

6. Aktiviere den M. gluteus maximus (großer Gesäsmuskel).

7. Die Rippen sind in einer Achse über dem Becken (denke aufwärts).

8. Aktiviere die Achselhöhlen-Taillen Verbindung (Schultergürtel geht abwärts).

9. Rücken und Hals aufgerichtet (denke aufwärts).

10. Augen auf den Horizont gerichtet, klarer, frischer Fokus.

11. Entspanne die Gesichtsmuskeln.

Übungen zu zweit:

1. Schwebender Schädel

   Lege eine Hand in den Nacken des Partners und die andere auf die Stirn und ziehe den Kopf nach oben.

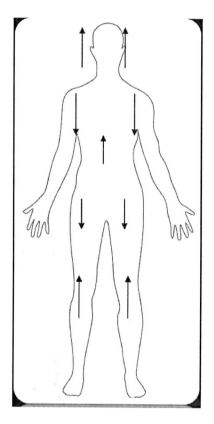

Abbildung 1:

Ziel: Entwickle ein Gefühl für die aufrechte Position des Kopfes, so dass Du später alleine in der Lage bist, diese wieder herzustellen.

2. Armziehen

Ziehe die Hände Deines Partners an den Fingerspitzen nach unten. Lass Deine Hände herabfallen, so dass Dein Partner die Abwärts-Energie spüren kann.

Ziel: Entwickle vom Schultergürtel ausgehend ein Gefühl für die Achselhöhlen-Taillen Verbindung.

3. Beckendrücken

Lege Deine Hände auf den Beckenkamm und drücke das Becken nach unten.

Ziel: Entwickle ein besseres Gefühl für die Erdung des Körpers, beide Füße sollen fest auf dem Boden stehen.

Körpersprache, Fantasie und Dasein
– Die Kunst der Liedgestaltung –
Ein einfacher Blick in die Körpersprache des Menschen

JOHN LEHMAN

Wie bewegen wir uns in unserer Umwelt? Wie drücken wir unsere Gefühle und Gedanken aus? Wie reagieren wir in unterschiedlichen Situationen? Die Kunst der Liedgestaltung beschäftigt sich mit genau diesen Fragen als Ansporn für den singenden Schauspieler.

Beim Workshop haben wir erstens Einsingübungen mit körperlichen Bewegungen gemacht, Gebärden eines Partners spiegeln, Stehen nur auf einem Bein oder Aufstehen beim Einatmen und langsam Hinsetzen beim Singen. Solche Übungen helfen einem Sänger, sein Bewusstsein in den Augenblick zu bringen, seine Muskeln und sein Gleichgewicht zu trainieren und für ihn eine gesunde Körperhaltung und Atemführung zu entwickeln, ohne dass er nachdenken muss.

Zweitens haben die Teilnehmer eine Körperhaltung für verschiedene emotionelle Zustände probiert wieder abzurufen. Wir haben viele Posen beachtet und sie mit anderen Posen verglichen. Es gab für fast jede Emotion eine Klischeevorstellung oder für die Zuschauer eine erkennbare Körperhaltung.

Drittens habe ich mit einem Schüler und einer Schülerin der Musical Akademie für Teens aus Hamburg ein Lied aus einem Musical inszeniert. Oder besser gesagt, ich habe den Schülern geholfen, durch Untersuchen des Textes und der Musik, eine eingebildete Realität für jedes Lied zu kreieren, damit natürliche, organische Bewegungen automatisch, beim Singen des Liedes, erschienen sind. Requisiten sind auch ins Spiel gekommen. Sie funktionieren als Hilfsmittel, die wechselnden Gefühle zu entdecken und sie körperlich auszudrücken.

Der Erfolg, ein Lied zu präsentieren, dessen Botschaft dem Publikum klar und deutlich zu kommunizieren, liegt nicht nur in der Fähigkeit eines Musicaldarstellers zu singen, sondern sehr viel mehr in seiner Körpersprache und seinem Talent sich zu bewegen und zu gestikulie-

ren, Sachen anzublicken und zu spüren und seiner Gabe, einfach da
zu sein.

Der Körper sollte ausdrücken, was das Lied zu sagen hat

Wenn man ein Lied auf der Bühne präsentieren möchte, sollte man
herausfinden, was mit dem Charakter, den man singt, los ist. Wir
stellen erst Fragen über die *Figur* und ihre jetzige *Situation*. Die
Antworten sollten speziell und präzise und nicht gewöhnlich oder allgemein sein.

*Wer ist sie? Wo ist sie? Wer ist bei ihr? Wer ist ihr Ansprechpart-
ner?*

Mit dieser Information können wir entscheiden, ob die Figur ein
König oder ein Knecht ist. Ob sie friert oder schwitzt. Ob sie leitet oder folgt. Und ob sie mit sich selbst, mit jemandem auf der
Bühne oder mit dem Publikum spricht. Der Körper des Sängers kann
viele von diesen Informationen spüren und einfach ausdrücken, bzw.
verkörpern.

Danach stellen wir Fragen über den Moment der Handlung und dessen *Geschichte*. Es ist auch wichtig zu wissen, wie die *Stimmung* der
Figur ist, die meistens aus dieser Geschichte entsteht.

*Warum ist die Figur da wo sie jetzt ist? Was ist passiert bevor das
Lied beginnt? Welche Ereignisse aus der Vergangenheit zeigen Wirkung auf die Situation? Warum reagiert die Figur wie sie reagiert?*

Jetzt wissen wir, ob die Figur aufrichtig oder sarkastisch ist. Ob sie
mehr optimistisch oder pessimistisch ist, oder ob sie etwas mit be-
weglicher Freude oder mit unerschütterlicher Enttäuschung erfährt.
Der Sänger in seiner Rolle soll diese menschlichen Launen mit seinem
Körper bildlich darstellen.

Nun stellen wir Fragen zu der *Energie* des Charakters und wie der
Charakter den Moment physikalisch ausdrückt.

*Ist seine Energie offen, tatkräftig, aufbauend, jugendlich, frei, unkon-
trolliert, schnell usw.? Oder ist sie geschlossen, müde, nachlassend,
alt, verkrampft, kontrolliert, langsam usw.?*

Mit diesen Informationen können wir etwas über die Körperhaltung des Charakters und seiner Bewegung, während er den Inhalt des Textes kommuniziert, entscheiden. Nun wissen wir, ob der Charakter ausschreitet oder hinkt, ob er prahlt oder sich schämt für das was passiert, und ob er ausrastet oder ruhig bleibt.

Noch etwas ist zu untersuchen: Nämlich wo die Augen der Figur hinschauen, während sie singt, bzw. wie und wann der Blick seinen *Fokus* wechselt.

Schaut die Figur mit einem direkten Blick zu einem Ansprechpartner oder in die Richtung eines Objekts über das sie spricht? Blicken ihre Augen nachdenklich nach oben oder verträumt weit in die Ferne? Oder vielleicht schließt sie ihre Augen oder betrachtet sie den Boden wie beim innerlichen Gedanken?

Ein direkter Blick hat eine besondere Kraft und gibt Intensität zu den Worten der Figur. Der Blick des Fokus der Figur, wo ihr Kopf hinschaut, und deren Wandelungen sagen dem Publikum viel und helfen ihm, die Botschaft des Darstellers besser aufzufassen.

Etwas feinsinnig aber auch wichtig ist das *Atmen* des Charakters. Die Beantwortung zu ein paar Fragen darüber, helfen dem Sänger, den emotionalen Zustand der Figur zu entdecken.

Wie atmet ein Mensch in der Situation des Liedes? Ändert sich die Atmung von Anfang bis zum Ende des Liedes?

Der Springbrunnen der Gefühle hat eine große Wirkung auf die Figur. Ein bisschen Arbeit mit seinem Ein- und Ausatmen hilft dem Darsteller die Gesten, Gebärden und körperlichen Bewegungen der Figur sehr natürlich in Gang zu bringen.

Damit die Bewegungen des Darstellers nicht theatralisch oder künstlich wirken, müssen wir unbedingt die *Motivation* der Figur erkennen. Das bedeutet zu wissen, was der Charakter in seiner Situation unternimmt, sein *Ziel* und seinen *Einsatz* dafür.

Was passiert während der Charakter den Text des Liedes vorträgt? Was braucht er oder was will er schaffen? Wie setzt der Charakter es um, sein Hauptanliegen zu erreichen?

Wenn der Charakter etwas wie einen Gegenstand oder die Lösung eines Problems sucht, wird er nicht nur an einem Ort, bzw. ruhig bleiben. Wenn er stur ist, wird er wahrscheinlich fest stehen oder sich meistens nicht viel bewegen. Ehrliche und glaubwürdige Bewegungen und Emotionen entstehen nur, wenn der Darsteller total in der eingebildeten Realität ist. Dann, und nur dann, werden seine Reaktionen echt und natürlich wirken.

Die gesamte *Form* der Bewegung muss in Übereinstimmung mit der Botschaft des Liedes sein. Deshalb sollten wir auch bedenken, was der Charakter in seiner Umgebung macht, bzw. wo und wie genau er sein Lied beginnt, durchführt und beendet.

Beginnt die Figur das Lied im Stehen oder im Sitzen? Oder ist sie schon in Bewegung wie beim Gehen? Gibt es einen Kampf zwischen zwei Möglichkeiten zu entscheiden? Ist der Charakter erfolgreich mit seinem Bemühen, oder hat er versagt, sein Ziel zu erreichen? Was hat die Figur erfahren und wo genau ist sie am Ende des Liedes?

Wenn der Charakter während der Handlung nicht weiter gekommen ist, soll er das Lied in der gleichen Position bzw. Laune und Körperhaltung beenden, die er am Anfang des Liedes hatte. Wenn er zwischen zwei Alternativen wählt, solle er diese Sachen deutlich in seiner Fantasiewelt platzieren. Mit diesen einfachen Beschlüssen begreift das Publikum, bewusst oder unbewusst, was wirklich geschehen ist.

Weitere Analyse des Textes und der Musik eines Liedes

Der Text eines Liedes kann uns auch viel zeigen. Die Art und Weise wie der Text sich entwickelt, ist oft in der Form der Musik widergespiegelt.

Ist der Text linear, wo sich etwas ändert und die Figur zu einer Lösung seiner Situation findet, oder ist er kreisförmig, wo die Figur am Ende immer noch am gleichen Punkt ist, wie sie begonnen hat?

Wenn er linear ist, wird die Figur wahrscheinlich nicht an der gleichen Stelle auf der Bühne sein, und/oder nicht mit der gleichen Körperhaltung das Lied beenden wie sie es begonnen hat. Wenn er kreisförmig ist, zum Beispiel eine Liste von Dingen, wird der Charakter wahrscheinlich mit derselben Körperhaltung und an der gleichen Stelle auf der Bühne das Lied beenden wie er es begonnen hat.

Ist der Text subjektiv - drückt er die Gefühle des Charakters aus, sachlich - beschreibt er etwas anderes als die Gefühle des Charakters, erzählend - erzählt er eine Geschichte mit einem Anfang und einem Ende, oder weisend - stellt er Bedrohung dar, legt Wünsche offen, befiehlt oder bittet?

Jede Art von Text hat ihre Fallgrube. Subjektiv kann zu theatralisch wirken. Lieber nüchtern ausdrücken. Sachlich ist manchmal zu trocken. Man darf hier seine Gefühle mehr zeigen. Erzählend sollte unbedingt schauspielerisch dargestellt werden. Weisend wirkt oft zu palavernd oder herb. Ein bisschen Freude dabei zu haben wird nicht unbedingt falsch sein.

Was für Stile hat der Text des Liedes? Ist er wortreich und sehr beschreibend oder einfach und wortkarg? Welche Wörter sind Dinge in der eingebildeten Realität des Charakters?

Die *Sprachart* und *Satzlänge* geben einen Einblick in den Charakter. *Handlungsverben* regen Gestik, Bewegung und Fokus an. *Eigenschaftwörter* erlauben Vielseitigkeit beim Ausdruck des Textes. Die *konkreten Substantive* haben besondere Richtungen in der eingebildeten Realität der Figur. Die *abstrakten Substantive* haben meist eine Wirkung auf die Emotionen der Figur.

Über welche Zeit spricht die Figur? Wo blickt sie hin, wenn sie über unterschiedliche Zeitrahmen singt?

Geschichte über die *Vergangenheit* kommt vom Gedächtnis der Figur oder etwas, das hinter ihr stattfindet. Reden über die *Gegenwart* ist über etwas im Körper der Figur oder etwas, das um die Figur herum ist. Ausgesprochene Gedanken über die *Zukunft* sind Visionen, die vor der Figur sind.

Was ist der Unterschied in den einzelnen Strophen? Was ist differenziert oder neu, wenn der Refrain wiederkehrt? Warum singt der Charakter weiter? Stellt der Charakter Fragen oder gibt er Antworten in dem Lied?

Es kann eine Hilfe sein, etwas über die *Entwicklung des Liedes* zu wissen, um dessen Vortrag interessant und unterhaltsam zu gestalten.

Ist es das erste Mal, dass diese Gedanken zu diesem Charakter entstehen? Ist es das erste Mal, dass der Charakter diese Gedanken mit

jemand teilt? Oder ist es das erste Mal, dass genau dieser Ansprech-
partner von diesem Thema gehört hat?

Spontaneität, aus einer dieser drei Möglichkeiten zu wählen, ist auch
eine wichtige Sache, die die Präsentation eines Liedes lebendig hält.

Was ist die künstlerische Aussage des Textes? Ist sie Einladung,
Absage, Bedrohung, Liebeserklärung, Flirt, Erzählung, Anklage, Rat-
schlag, Danksagung, Begrüßung, Abschied, Wunsch, Angabe, Feststel-
lung, Beschreibung, Hilferuf, Flehen, Verzeihung, Versöhnung, usw.?

Wie sind wir von der Musik berührt? Klingt sie duster oder hell?
Ist das Tempo langsam oder schnell? In welchem Musikstil ist sie
geschrieben? Welche Anwandlung verleiht die Musik? Freude, Sehn-
sucht, Traurigkeit, Mut, Ruhe, Unruhe, Ungeduld, Angst, Sorgen,
Enttäuschung, Leidenschaft, Romanze, Hass, Wut, Verzweiflung,
Stolz, Panik, Eile, Hoffnung, Jubel, Nachdenklichkeit, Humor, usw.?

Während der Text uns zeigt, was für eine *Botschaft* ein Lied hat, teilt
uns die Musik dessen *Stimmung* mit.

Hilfreiche Übungen und Hinweise

Der Gebrauch von *Requisiten* bietet dem Schauspieler eine Möglichkeit, Gefühle äußerlich auszudrücken. Der körperliche *Anfang*, bzw.
wie und wo man sein Lied beginnt, kann für die Entdeckung der Teile
und drehbaren Momente im Lied sehr hilfreich sein.

Ein Lied stehend, sitzend, gehend, usw. zu beginnen, sowie mit Requi-
siten zu arbeiten, kann ebenfalls bei der Entdeckung der emotionalen
Veränderungen im Text helfen.

Auf der Musical-Bühne ist man fast immer beim *Darstellen*, bzw. in
einer Rolle, wo man zu einem Partner oder für sich selbst singt. Aber
manchmal muss man *moderieren* und dabei direkt zum Publikum
singen.

Bereite eine Anzahl von Situationen für jedes Lied vor. Plane die
Präsentation für verschiedene Zuschauer und unterschiedliche Raum-
größen.

Geh sorgsam mit dem Publikum um. Es zu *unterhalten* ist Hauptsa-
che. Jede Aufführung darf ein neues Erlebnis mit neuen Entdeckungen

sein. Das Gefühl, das der singende Darsteller selbst hat, ist das Beste für den Anfang des Liedes. Nicht vergessen: Das Lied *hundertprozentig auszuleben* kreiert immer die beste Energie. Dadurch kann der singende Darsteller, wenn er ein Lied präsentiert, eine glaubwürdige, natürliche, authentische Erscheinung auf der Bühne kreieren!

Motivation und Reflexion

MARTIN LOSERT

Emotionalität als Metathema des Symposiums

Sehr geehrte Damen und Herren, das 9. Symposium zur Kinder- und Jugendstimme *Stimme – Körper – Bewegung* neigt sich dem Ende zu.[1] Meine Aufgabe ist es nun, das Gehörte zusammenzufassen und zu reflektieren und zwar – darum wurde ich gebeten – unter motivationalen Aspekten. Ich möchte Sie bitten, sich einen Augenblick die letzten zwei Tage zu vergegenwärtigen, die Referate, Diskussionen und Workshops. Was nehmen sie an Erkenntnissen und Erfahrungen mit? Was war neu und wird sich in der einen oder anderen Form in ihrer Arbeit wiederfinden? Was war ihnen vielleicht bereits vertraut? Welche Gedanken und Ansätze werden Sie weiter verfolgen? Sind Meinungen oder Erkenntnisse geäußert worden, die ihren persönlichen Vorstellungen widersprechen? Was waren für Sie zentrale Aussagen, die sich vielleicht übergreifend in den verschiedenen Beiträgen wiederfanden?

Wenn ich die letzten drei Tage Revue passieren lasse, so scheint mir insbesondere in den praktischen Beiträgen und Workshops ein Aspekt immer wieder eine Rolle gespielt zu haben – der der Emotionalität. Dies verwundert beim diesjährigen Thema des Symposiums *Stimme, Körper und Bewegung* eigentlich nicht. Emotionen sind ein eigenständiges Orientierungssystem, dass in erheblichem Maße Informationsprozesse – also unser Lernen, Denken und Handeln – beeinflusst [1,4]. Sie sind nicht nur Begleiterscheinungen, sondern haben selbst eine aktivierende und hemmende Wirkung. Anders ausgedrückt: Ohne (positive) Emotionen ist motiviertes Verhalten nicht

---

[1]Der Text ist als abschließendes und rekapitulierendes Schlussreferat entstanden und basiert auf den im Symposium vorgetragenen Fachreferaten und praktischen Workshops. Ich habe beim Überarbeiten meines Manuskriptes bewusst den mündlichen Charakter erhalten. Als Zusammenfassung spiegelt er meine Eindrücke, Erfahrungen und Erkenntnisse des Symposiums wider. Die in diesem Band zusammengetragenen Ausarbeitungen der einzelnen Fachreferate sind in ihrer schriftlichen Form nicht mit eingeflossen.

denkbar. Jede Tätigkeit, jede willentliche Bewegung, jedes gezielte Einsetzen unseres Körpers hat immer auch eine emotionale Komponente. Insbesondere Tätigkeiten wie das Singen und Musizieren werden vor allem von Amateuren aufgrund der Freude an der Tätigkeit ausgeführt. Psychologen würden sagen, wir sind motiviert zu singen aufgrund der emotionalen Valenz des Singens – Singen macht Spaß.

Musikalische, tänzerische und gestische Beiträge

Wie hat sich der Aspekt Emotionalität in den Beiträgen des Symposiums gezeigt? Beginnen möchte ich mit den musikalischen, gestischen und tänzerischen Beiträgen.

Ich finde es immer wieder erstaunlich, wie unmittelbar Gesang und Tanz mich emotional berühren. Und hier muss ich ergänzen – insbesondere der Gesang von Jugendlichen und Kindern. Ich empfand es als ausgesprochen berührend, wie mutig sich die teilnehmenden Kinder und Jugendlichen vor diesem doch recht großen Fachpublikum präsentierten und wie man sah, wie sie von ihren FreundInnen und MitsängerInnen mit Gesten und Worten unterstützt wurden, wie sie es verstanden, ihren Emotionen sängerisch Ausdruck zu verleihen und welchen Spaß sie bei all dem hatten. Zu nennen sind hier Singsong (der Gebärdenchor des Berufsbildungswerkes Leipzig), die Musical Academie für Teens Hamburg sowie der Kinderopernchor der Komischen Oper Berlin.

Aber auch das gemeinsame Singen mit Helmut Steger hatte ebenso wie das gemeinsame Rhythmisieren von Body- und Mouthsounds mit Ulrich Moritz (Interaktiver Vortrag: *Vocal-Percussion und Body-Percussion – Rhythmus in Stimme und Bewegung*) etwas Körperlich-Emotionales. Der Beifall und die Ausgelassenheit im Publikum mögen als Beweis dafür gelten, welche positive emotionale Wirkung dieses gemeinsame Tun auf alle Teilnehmer ausübte.

Wie lässt sich diese emotionale Wirkung von Gesang, Tanz und Gesten erklären? In den frühen Hochkulturen sprach man der Musik eine göttliche Funktion zu – wo Musik ist, kann Gott nicht fern sein. Musik wurde verstanden als „Sprachrohr der Geister" [2]. So verstanden, könnte man die emotionale Wirkung von Musik als göttlichen Funken interpretieren.

Man kann freilich auch eine mehr wissenschaftliche Erklärung geben. Hinlänglich bekannt dürfte das Phänomen der sogenannten Spiegelneuronen sein [3]. Herr Prof. Altenmüller hat dies in seinem Vortrag kurz angeschnitten – allein das Hören und Lesen von Musik bzw. bei Instrumentalisten das Beobachten von Spielbewegungen und Spielgesten verursacht beim Hörer, Leser und Beobachter eine Aktivierung von Hirnregionen, die denen des aktiven Musizierens vergleichbar sind. Es ist recht wahrscheinlich, dass wir durch das Sehen und Hören vermittelte Emotionen nachempfinden können.

Workshops im Rahmen des Symposiums

Ähnlich wie in den praktischen Beiträgen spielte auch in den Workshops Emotionalität als eine Art Metathema eine wichtige Rolle. Im Workshop *Opern? Kinder? Opernkinder? Kinderopern! Einblicke in das Training eines Kinderopernchores* demonstrierten Jane Richter und Christoph Rosiny anhand einiger simulierter Unterrichtssituationen die Arbeit im Kinderopernchor der Komischen Oper Berlin. Auch wenn der gezeigte Unterricht vor immerhin 80 Zuhörern stattfand, agierten die Kinder auf beeindruckend ungezwungene Weise. Wie selbstverständlich sangen und bewegten sie sich auf der Bühne. Spielerische Aktivitäten wie Abklatschen, blinder Mönch oder Knetmännchen wechselten mit methodisch-interpretatorisch anspruchsvollem Unterricht. Ganz im Sinne des Symposiumthemas wurden ganzheitlich Stimme, Körper und Bewegung eingesetzt und angesprochen. Für mich spannend zu sehen war, wie sich die Kinder untereinander verhielten, wie sie sich als Gruppe gegenseitig bestärkten, lobten, nach Beiträgen anderer klatschten und zusammen lachten. Ganz deutlich wirkte die Gruppe als Ganzes positiv-emotional auf das künstlerische Handeln der einzelnen Kinder.

Brigitta Juchems und Irma Hesz demonstrierten in ihrem Workshop Arbeitsweisen der Alexander-Technik. In minimalen sprachlichen und körperlichen Impulsen seitens der LehrerInnen, im Erspüren der eigenen Körperlichkeit – einer Art des forschenden Denkens – liegt eine Möglichkeit, Bewegungen funktional zu modifizieren. Es geht um die Balance zwischen Kopf und Rumpf. Eine Haltung wird in diesem Ansatz nicht bewusst modifiziert, vielmehr werden unnötige und falsche Bewegungen vermieden. Emotionalität im Sinne erfahrbarer körperlicher Wahrnehmung ist in diesem Ansatz ein entscheidender Faktor. Wie Irma Hesz betont, führt das Erspüren, Nachsinnen und Verändern der eigenen Körperlichkeit immer auch zu einem anderen Körperempfinden und damit zu einer anderen Form von Emotionalität.

Panda van Proosdij stellte in ihrem Workshop *Chorsingen bewegt! Bewegung als Unterstützung von Stimme und Musikalität* eine Form der Körperarbeit vor, die Stimmbildung durch gute Körperwahrnehmung unterstützt. Die Arbeit an der Bewegung dient dabei der Qualität des Singens. Auch hier war, ganz ähnlich wie im eingangs erwähnten gemeinsamen Singen, die positive Valenz der gemeinschaftlichen Handlungen deutlich spürbar. Allein das Hineingehen in körperliche Aktionen, das sich Bewegen, das Abklopfen einzelner Körperteile, verschiedene Sensibilisierungs- und Reaktionsübungen reichten aus, um die Anwesenden emotional zu aktivieren und dies nicht nur im Sinne eines äußeren „Spaßfaktors", sondern einer positiven, konzentrierten Arbeitshaltung.

Prof. Andreas Mohr zeigte in seinem Workshop *Zwei kleine Schrittchen vor* wie kindgemäße Arbeitsweisen in der Chorarbeit aussehen können. Bewusstes Wahrnehmen, gestisches Nachzeichnen von Melodieverläufen, einfache Choreographien und das Unterlegen mit Texten stiften einen nachvollziehbaren Zusammenhang zwischen Melodie, Text und Bewegung, wodurch die eigenen Wahrnehmungen intensiviert werden. Mohr wies darauf hin, dass stimmbildnerische Absichten und choreographische Bewegungsabläufe von den Kindern grundsätzlich realisierbar sein müssen und sich nicht gegenseitig stören dürfen.

Auch im Workshop *Körpersprache – Phantasie* von John Lehman ging es um das wechselseitige Verhältnis von Körperbewusstsein, Emotionalität und Singen. Einsingübungen in Kombination mit ganzkörperlichen Bewegungen schulen das Bewusstsein für Muskeltonus, Gleichgewicht, Körperhaltung und Atem. Das Spiel mit Posen und Gesten übt die Fähigkeit, verschiedene körperlich-emotionale Zustände bewusst abzurufen. Lehman veranschaulichte, zusammen mit den Jugendlichen der Musical Academie für Teens aus Hamburg, seine methodische Herangehensweise, den Weg zu einem organischen Ineinander von Bewegungen, Singen und dargestellten Emotionen.

Wissenschaftliche Beiträge und Diskussionen

Die Themenvielfalt der wissenschaftlichen Referate war aufgrund des interdisziplinären Ansatzes des Symposiums außerordentlich groß. Viele der Beiträge beschäftigten sich mit medizinischen, psychologischen, physiologischen sowie musik- und gesangspädagogischen Detailfragen, in denen *Emotionalität* als Metathema von der Sache her nur bedingt eine Rolle spielte. Ich möchte hier einige Aspekte der Beiträge aufgreifen, die mir in der Gesamtschau besonders wichtig erscheinen. Die Auswahl ist subjektiv und durch meine Sicht als Musikpädagoge geprägt.

Herr Prof. Dr. Fuchs beschäftigte sich im Eröffnungsreferat des Symposiums mit *Mikrobewegungen für die Stimmentstehung: Stimmlippenschwingungen bei Kindern und Jugendlichen.* Anhand einer Reihe von Videoaufnahmen von Stimmlippenschwingungen demonstrierte er den Unterschied zwischen gesunden und pathologischen Stimmlippenbewegungen. Die Beweglichkeit der Feinstrukturen ist für eine funktionale Stimmlippen-Randkantenschwingung ausschlaggebend. Aufschlussreich verdeutlichte er bestehende Untersuchungsmöglichkeiten wie die Endoskopie, die Hochgeschwindigkeits-Glottographie und die Kymographie, die es ermöglichen, pathologische Veränderungen bzw. Dysfunktionen wie Entzündungen, nicht schließende Stimmlippen, leichte Verdickungen und unproportionale Stimmlippenschwingungen sichtbar zu machen.

Prof. Dr. Altenmüller beschäftigte sich im ersten Teil seines Referats *Singen als Bewegungskunst: zur Neurologie stimmlichen Lernens und sängerischen Ausdrucks* mit hirnphysiologischen Grundlagen des Singens. Ausgehend vom Aufbau des Gehirns, der Funktion somatosensorischer und motorischer zerebraler Zentren, der Verarbeitung akustischer Reize und der zerebralen Programmierung motorischer Handlungen zeigte er, dass mit steigendem musikalischen Können und Wissen beim Singen zunehmend mehr Gehirnregionen mit involviert werden. Dies führt dazu, dass die Verarbeitung akustischer Signale und die Reaktion in Form motorischer Handlungen (Singen) sichtbar mehr Zeit benötigt. Im zweiten Teil seines Vortrags widmete sich Altenmüller dem Phänomen der Gänsehaut, also körperlich-emotionalen Reaktionen auf Musik. Gänsehaut tritt nach Altenmüller vor allem an musikalischen Strukturbrüchen auf und ist im hohen

Maß von musikalischen Vorerfahrungen des Hörenden/Musizierenden abhängig. Die Stärke der emotionalen Reaktion bzw. der Gänsehaut kann in Folge von Habituation verloren gehen.

Prof. Dr. Dr. Bigenzahn referierte über den *Einfluss orofazialer Dysfunktionen auf Artikulation und Phonation*. In seinen sehr detailreichen Ausführungen gab er Einblicke in die Wechsel- sowie Form-Funktionsbeziehungen im Orofazialen System. Einen Aspekt, der mir als Musikpädagoge besonders wichtig erscheint, möchte ich herausgreifen – die Möglichkeiten der Diagnostik und der Therapie. Eine ganzheitlich orientierte Diagnostik orofazialer Dysfunktionen umfasst physiologische, psychologische und soziale Aspekte: Das Kauorgan mit seinen Funktionen, die Einflüsse aus dem sozialen Umfeld, innerpsychische Faktoren mit Auswirkung auf den Gesamtorganismus sowie Methoden der instrumentellen Diagnostik (u. a. Axiographie, Artikulographie, orale Wahrnehmung/Stereognose). Die therapeutischen Möglichkeiten reichen bei Kindern von Maßnahmen zur Frühförderung und Habitabbau bis hin zur klassischen myofunktionellen Therapie (MFT), bei Erwachsenen von Ruhigstellung der Zähne, Schmerztherapie, kieferorthopädischen und -chirurgischen Behandlungen bis hin zu physiotherapeutischen, logopädischen und stimmtherapeutischen Maßnahmen.

Dr. Stephan Sallat beschäftigte sich in seinem Referat *Singen und Bewegung hilft – aber nicht immer!* mit der mentalen Verarbeitung musikalischer Komponenten von Sprache bei Kindern mit Sprachentwicklungsstörungen. Diese unterscheiden sich gegenüber gleichaltrigen Kindern ohne Sprachentwicklungsstörungen hinsichtlich der Qualität der mentalen Verarbeitung von Sprachmelodie und Sprachrhythmus. Sprachentwicklungsstörungen lassen sich nach Sallat dabei weniger auf Fehler im Verständnis der Semantik als viemehr auf eine unzureichende Automatisierung bei der Verarbeitung der musikalischen Elemente von Sprache zurückführen, was zu einem deutlich schlechteren sprachlichen Verständnis bei den entsprechenden Kindern führt. Eine alleinige Therapie von Sprachentwicklungsstörungen mithilfe von Musikerziehung hält Sallat aber für unzureichend.

Tanja Kosubek und Prof. Dr. Heiner Barz berichteten in ihrem Vortrag *Singende Kinder – Glückliche Lehrer?* exemplarisch von Befunden der Begleitforschung zum Grundschulprojekt *Jedem Kind seine*

Stimme in Neuss. Wie Kosubek und Barz betonten, wird im Neusser JeKiSti-Projekt der Musik als menschlicher Ausdrucksform und Kulturleistung grundsätzlich ein großer Eigenwert zugesprochen. Trotz allem richtet sich die Begleitforschung auch auf mögliche Transfereffekte. Summarisch lässt sich feststellen, dass das Projekt von Eltern, LehrerInnen und SchülerInnen durchweg positiv angenommen wird. Die SchülerInnen spüren, dass ihre musikalisch-sängerischen Leistungen steigen und die LehrerInnen nutzen das Projekt um eigene musikalische und musikpädagogische Kompetenzen zu verbessern.

Im Wechselgespräch zwischen Christoph Rosiny und Prof. Dr. Wolfram Seidner *Kinderoper mit Kindern* wurden Möglichkeiten und Grenzen der Chor- und Bühnenarbeit mit Kindern aus sängerischer und stimmärztlicher Sicht diskutiert. Hinsichtlich der Belastung (Kostüme, Hitze, Bühnenraum etc.) und der geforderten stimmlichen wie schauspielerischen Leistungen wird von Kindern auf Opernbühnen fast das gleiche wie von erwachsenen Sängern verlangt. Auch wenn die kindliche Stimme grundsätzlich leistungsfähig ist, besitzt sie andere Qualitäten und ist nicht so belastbar, wie eine erwachsene Stimme. Um Überforderungen zu vermeiden, bedarf es nicht nur einer guten stimmlichen und körperlichen Arbeit, sondern Komponisten, Dirigenten und Regisseure müssen auch gezielt auf das Können und die Grenzen kindlicher Stimmen hingewiesen werden. Ferner ist die Zusammenarbeit mit einem Stimmarzt oder Phoniater sinnvoll.

Prof. Sascha Wienhausen beschäftigte sich in seinem Beitrag mit der *Didaktik des zeitgenössischen nicht klassischen Gesangs*. Prof. Wienhausen demonstrierte eindrücklich, worin sich klassischer Gesang vom Jazz-, Musical- und Rock-Pop-Gesang unterscheidet. Techniken wie Kiefer-Vibrato, Hauch, Ornamentation, Belt, improvisierte Stilistiken, Distortion und Twang dienen der persönlichen Klangestaltung – dem sogenannten *Atractor State*. Solche technisch-sängerischen und damit durchaus beabsichtigten klanglichen Unterschiede sind stilistisch notwendig und müssten entsprechend auch gelehrt werden. Eine rein klassische Gesangstechnik reicht dafür nicht aus. Deutlich wurde, dass, anders als von einigen Pädagogen und Phoniatern zunächst vermutet, es nicht um pathologische Veränderungen des Stimmapparats geht, sondern um eine Erweiterung des klanglichen und stilistischen Repertoires.

In der von Helmut Steger moderierten Abschlussdiskussion *Kinder-chor- /Jugendarbeit „In allen Sätteln gerecht?"* zwischen Prof. Dr. Christoph Schönherr und Prof. Friederike Stahmer wurde unter Einbezug des Plenums diskutiert, inwieweit stilistische Vielfalt, persönliche wie musikalische Authentizität und Qualität in der Chorarbeit miteinander vereinbar sind.

Schöherr stellte fest, dass Chorarbeit immer unter bestimmten organisatorischen und institutionellen Rahmenbedingungen stattfindet. Das Repertoire eines Chores muss sich danach richten, wer in einem Chor mitsingt, wer den Chor leitet und in welchem Rahmen der Chor probt. Um den mitwirkenden ChorsängerInnen das Gefühl zu vermitteln, dass die Musik etwas mit ihnen zu tun hat, bedarf es eines Lebensweltbezugs. Die Chorliteratur darf daher nicht von vornherein stilistisch eingeengt werden, sondern muss sich nach den jeweiligen Bedingungen und Mitwirkenden richten. Insbesondere populäre Musik, die wie eine Art musikalische Schnittmenge zwischen den verschiedenen sozialen Gruppen fungiert, sollte entsprechend berücksichtigt werden.

Für Friederike Stahmer steht hingegen fest, dass Kinder auch ihnen unbekannter Musik eine große Offenheit und Begeisterungsfähigkeit entgegen bringen, was Chancen birgt und Verantwortung in der Auswahl des Repertoires mit sich bringt. Ein(e) ChorleiterIn muss entsprechend dafür sorgen, dass Kinder nur mit Musik von bester Qualität in Berührung kommen. Stahmer stellt für sich fest, dass sie Andere nur für Musik begeistern kann, von der sie selbst begeistert ist. Da Sie primär klassisch sozialisiert ist, betrifft das in ihrer Arbeit vor allem die klassische Musik. Popmusik verwendet sie daher selbst nicht, dies auch, da für sie stilgerechtes Interpretieren ein wichtiges Ziel ist, was auch das Wissen um entsprechende Gesangstechniken mit einschließt. Stimmphysiologisch sinnvoll und der Entwicklung der Kinder angemessen bietet sich dafür zunächst eine klassische Gesangstechnik an.

In den Beiträgen des Symposiums wurde der Fokus zum einen auf den Körper und damit das komplexe Zusammenwirken verschiedener Organsysteme gerichtet. Die Funktion des Stimmapparates wird durch Körperhaltung, Muskeltonus und Konstitution des gesamten Organismus beeinflusst. Dabei spielen mentale wie körperliche Aspekte eine

Rolle. Zum anderen war der Fokus auf große und kleine Bewegungen gerichtet, die für die Wirkung der menschlichen Stimme wichtig sind. Die Bandbreite reichte hier von Stimmlippenschwingungen bis hin zu Körpersprache und Bewegungen auf der Bühne.

Sehr geehrte Teilnehmer und Teilnehmerinnen, ich hoffe, dass alle Ihre Erwartungen an das Symposium erfüllt wurden und sie mit vielen neuen Anregungen und Ideen zurück an Ihre Arbeit gehen. Am Ende einer solchen Veranstaltung gilt es den Veranstaltern, insbesondere Herrn Prof. Fuchs, für das gelungene Symposium zu danken, und auch Ihnen, verehrte Teilnehmer und Teilnehmerinnen dafür, dass sie mir und allen anderen Dozenten so überaus konzentriert und interessiert gefolgt sind – nochmals ein herzliches Dankeschön.

Literaturangaben

[1]   Edelmann W (2000) Lernpsychologie, Weinheim (Beltz/PVU)

[2]   Ehrenforth K H (2005) Geschichte der musikalischen Bildung. Eine Kultur-, Sozial- und Ideengeschichte in 40 Stationen, Mainz (Schott)

[3]   Lehmann A C , Oerter R (2009) Lernen, Übung und Expertisierung in: Herbert Bruhn, Reinhard Kopiez, Andreas C. Lehmann (Hg.): Musikpsychologie. Das neue Handbuch, Hamburg (Rowohlt), S. 105 ff.

[4]   Rudolf U (2003) Motivationspsychologie, Weinheim (Beltz/PVU)

Portraits der Autoren

Prof. Dr. Eckart Altenmüller (Hannover)

Direktor des Institutes für Musikphysiologie und Musiker-Medizin der Hochschule für Musik und Theater Hannover

Eckart Altenmüller, geboren 1955 in Rottweil am Neckar, ist Direktor des Institutes für Musikphysiologie und Musiker-Medizin der Hochschule für Musik und Theater Hannover. Nach dem Medizinstudium in Tübingen, Paris und Freiburg/Brsg. und dem zeitgleichen Musikstudium an der Musikhochschule Freiburg (Hauptfach Querflöte, Klasse Nicolèt, später Klasse Bennett) absolvierte er die Assistenzzeit in der Abteilung für klinische Neurophysiologie in Freiburg. Hier entstanden die ersten Arbeiten zur Hirnaktivierung beim Musikhören. Von 1985 bis 1994 erfolgten die Facharztausbildung zum Neurologen und die Habilitation an der Universität Tübingen. Seit der Berufung nach Hannover 1994 ist die Erforschung der neuronalen Grundlagen des Musizierens und Singens ein zentrales Thema. Zahlreiche Arbeiten zum auditiven und sensomotorischen Lernen, zu Störungen der Feinmotorik bei Instrumentalisten und zur emotionalen Gestaltung und Wirkung von Gesang sind entstanden. Prof. Altenmüller hat über 200 Fachpublikationen verfasst und ist Mitglied zahlreicher nationaler und internationaler Gremien. Im Jahr 2005 wurde er zum Mitglied der Göttinger Akademie der Wissenschaften ernannt und zum Präsidenten der Deutschen Gesellschaft für Musikphysiologie und Musiker-Medizin gewählt.

Prof. Dr. Heiner Barz (Düsseldorf)

Leiter der Abteilung Bildungsforschung und Bildungsmanagement der Heinrich-Heine-Universität Düsseldorf

Univ.-Prof. Dr. Heiner Barz leitet die Abteilung für Bildungsforschung und Bildungsmanagement im Institut für Sozialwissenschaften der Heinrich-Heine-Universität Düsseldorf. Ein Forschungsschwerpunkt liegt in der Evaluationsforschung zu reformpädagogischen und kulturpädagogischen Konzepten: Neben empirischen Untersuchungen zur Waldorf- und Montessoripädagogik prüft er die mit tanzpädagogischen oder musikpädagogischen Projekten verbundenen Intentionen im Hinblick auf ihre Umsetzung im Alltagsbetrieb von Schulen und Jugendfreizeitarbeit. Ein anderer Arbeitsschwerpunkt liegt im Bereich der Weiterbildungsforschung, wo insbesondere Studien im Kontext des Milieumarketings eine breite Rezeption erfahren haben. Weiter interessiert ihn der Bereich innovativer Lehr-Lern-Formate, insbesondere Einsatzmöglichkeiten von eLearning bzw. Blended Learning in der Hochschuldidaktik. Ein jüngstes Forschungsinteresse geht in Rich-

tung Migration und Bildung – wobei hier insbesondere ein ressourcen-
oder chancenorientierter Ansatz (im Unterschied zum Defizit- und Pro-
blemgruppenansatz) zum Tragen kommt.

Univ.Prof. Dr. Dr. Wolfgang Bigenzahn (Wien, Österreich)

Leiter der Klinischen Abteilung Phoniatrie-Logopädie Wien

Studium der Medizin, Pädagogik, Psychologie und Musik in Wien. Facharzt für Hals-, Nasen,- Ohrenheilkunde sowie Stimm- und Sprachheilkunde
(Phoniatrie); Lehramt für Sonderpädagogik (Logopädie). Seit 1997 Professur für HNO-Heilkunde unter besonderer Berücksichtigung der Phoniatrie
und Leiter der Klinischen Abteilung Phoniatrie-Logopädie an der Medizinischen Universität Wien (Allgemeines Krankenhaus); Präsident der
Österreichischen Gesellschaft für Logopädie, Phoniatrie und Pädaudiologie, seit 2002 Vorsitzender der Sektion Phoniatrie der Österreichischen
Gesellschaft für HNO-, Kopf- und Halschirurgie. Wissenschaftliche Publikationen und Auszeichnungen, Autor von Lehrbüchern mit Überset-
zungen ins Griechische, Spanische und Portugiesische u.a. Orofaziale
Dysfunktionen im Kindesalter, Oropharyngeale Dysphagie, Stimmdiagno-
stik - ein Leitfaden für die Praxis; seit 1992 wissenschaftliche Leitung der
Phoniatrie-Fortbildungskurse für HNO-Assistenten im Bildungshaus St.
Virgil, Salzburg. Gemeinsam mit seiner Frau, der Organistin Elisabeth
Ullmann, bemüht sich Prof. Bigenzahn um die Erhaltung und Belebung
der „Orgellandschaft Niederösterreich", 2008 wurde ihm dafür das Goldene
Ehrenzeichen verliehen.

Prof. Dr. Michael Fuchs (Leipzig)

Leiter der Sektion Phoniatrie und Audiologie und des Cochlea-Implantat-
Zentrums Leipzig, Universitätsklinikum Leipzig

Michael Fuchs war in seiner Jugend Mitglied des Leipziger Thomanercho-
res, bevor er von 1989 bis 1995 an der Universität Leipzig Humanmedizin studierte. Parallel zum Medizinstudium absolvierte er ein privates
Gesangsstudium. Seit 1996 ist er an der Klinik und Poliklinik für Hals-,
Nasen-, Ohrenheilkunde der Universität Leipzig tätig. Im Jahr 2000 erhielt er die Facharztanerkennung für Hals-, Nasen-, Ohrenheilkunde, 2004
für Phoniatrie und Pädaudiologie. Er ist Leiter der Sektion für Phoniatrie
und Audiologie und des Cochlea-Implantat-Zentrums Leipzig. Er promovierte 1997 mit einer Arbeit über die Frühdiagnostik des Stimmwechsels
bei Knabenstimmen und erhielt dafür 1999 den Johannes-Zange-Preis der
Nordostdeutschen Gesellschaft für Otorhinolaryngologie und zervikofaziale
Chirurgie. Im Jahr 2009 habilitierte er sich und erhielt die Venia legendi,

im gleichen Jahr wurde er zum außerplanmäßigen Professor an der Universität Leipzig bestellt. Er ist Sächsischer Landesarzt für Menschen mit Hör-, Sprach-, Sprech- und Stimmbehinderungen. Michael Fuchs hat Lehraufträge für Stimmphysiologie der Fachrichtung Gesang der Hochschulen für Musik und Theater Leipzig und Weimar, für Phoniatrie und Pädaudiologie an der IB Logopädieschule Leipzig inne und ist dort auch der medizinische Schulleiter. Von der Deutschen Gesellschaft für Phoniatrie und Pädaudiologie wurde er mit der Gerhard-Kittel-Medaille und dem Karl-Storz-Preis für akademische Lehre geehrt. Seine Forschungsgebiete umfassen die Sing- und Sängerstimme, biopsychosoziale Aspekte der Entwicklung der Stimme, Erkrankungen der Lehrerstimme und zentrale Hörstörungen. Er gründete und leitet die jährlichen Leipziger Symposien zur Kinder- und Jugendstimme, gibt die Schriftenreihe „Kinder- und Jugendstimme" beim Logos-Verlag Berlin heraus und ist unter anderem Mitglied des Vorstands der Deutschen Gesellschaft für Phoniatrie und Pädaudiologie, des Collegium Medicorum Theatri, der Voice Foundation und des Beirates des Arbeitskreises Musik in der Jugend. Über 25 wissenschaftliche Publikationen, zum Teil in internationalen Fachzeitschriften, über 30 Buchbeiträge, bisher über 75 Vorträge auf Einladung. Verheiratet, ein Sohn.

Irma Hesz (Düsseldorf)

Dipl.-Musikpädagogin, Alexander-Technik-Lehrerin,
Leiterin der Alexander-Technik-Ausbildung

Irma Hesz ist Dipl.-Musikpädagogin, Alexander-Technik-Lehrerin, Leiterin der Alexander-Technik-Ausbildung und systemischer Coach. Durch ihre langjährige Erfahrung in der musikalischen Früherziehung und Kinderchorleitung gewann sie vielfältige Erfahrung mit der Entwicklung und Förderung der Kinderstimme. Heute arbeitet sie als Alexander-Technik-Lehrerin und Coach mit Menschen in Sing- und Sprechberufen an der Optimierung ihres stimmlichen Auftritts. Zudem hat sie einen Lehrauftrag für Alexander-Technik an der Robert-Schumann-Musikhochschule Düsseldorf und arbeitet dort u. a. mit Gesangsstudierenden im Rahmen ihrer stimmlichen Ausbildung. Sie bildet am Fortbildungsinstitut „Ausbildung für Alexander-Technik Düsseldorf" Alexander-Technik-Lehrer aus und arbeitet im Rahmen der Kooperative denkBewegung in einer vielfältigen Seminartätigkeit. In ihrer pädagogischen Tätigkeit möchte sie Menschen darin unterstützen, ihre Potenziale zu entfalten.

Birgitta Juchems (Düsseldorf)

akademische Sprachtherapeutin, Alexander-Technik-Lehrerin

Birgitta Juchems ist akademische Sprachtherapeutin, Alexander-Technik-Lehrerin und systemischer Coach. In ihrer praktischen Tätigkeit als Therapeutin machte sie vielfältige Erfahrungen mit dem Zusammenhang zwischen Sprach-, Stimm- und Persönlichkeitsentwicklung im Kindes- und Jugendalter. Sie leitet eine eigene sprachtherapeutische Praxis in Düsseldorf. In der Praxis behandelt sie schwerpunktmäßig PatientInnen mit Stimmstörungen. Sie arbeitet mit Menschen in Sprechberufen an der Optimierung ihres stimmlichen Auftritts und hält zu diesen Themen Fortbildungen und Vorträge. Zusätzlich führt sie zusammen mit der Kooperative denkBewegung Alexander- Technik Workshops durch. In ihrer pädagogisch-therapeutischen Tätigkeit möchte sie Menschen darin unterstützen, durch die Stimme ihre Persönlichkeit klingen zu lassen.

Tanja Kosubek M.A. (Düsseldorf)

Wissenschaftliche Mitarbeiterin der Abteilung Bildungsforschung und Bildungsmanagement der Heinrich-Heine-Universität Düsseldorf

Tanja Kosubek ist wissenschaftliche Mitarbeterin in der Abteilung für Bildungsforschung und Bildungsmanagement im Institut für Sozialwissenschaften der Heinrich-Heine-Universität Düsseldorf. Einer ihrer Arbeitsschwerpunkte liegt im Bereich der kulturellen Bildung und der Kooperation von Schulen und Kulturinstitutionen. Seit dem Jahr 2006 koordiniert sie die sozialwissenschaftlichen Forschungen zu tanz- und musikpädagogischen Projekten. Als Doktorandin arbeitet sie außerdem an ihrer Dissertation über „Kultur, Kommunikation und Symbolverstehen" im Fach Philosophie.

Dr. Michael Kroll (Leipzig)

Facharzt für Psychiatrie und Psychotherapie, Facharzt für Kinder- und Jugendpsychiatrie/-psychotherapie, Universitätsklinikum Leipzig AöR

1987/88 Graduation/High School in Charlotte, USA; 1990 - 92 Ausbildung zum Industriekaufmann bei der Mercedes-Benz AG, Köln; 1992/93 Studium der Ökonomie an der Privaten Universität Witten/Herdecke (Stipendium der Mercedes-Benz AG); ab 1994 Medizinstudium an der Universität Düsseldorf (Praktisches Jahr in Pretoria, Südafrika und Galway, Irland); 2000 - 06 Ausbildung zum Facharzt für Psychiatrie und Psychotherapie; 2006 - 10 Ausbildung zum Facharzt für Kinder- und Jugendpsychiatrie/- psychotherapie; seit 06/2010 Oberarzt Kinderpsychiatrie/ -psychotherapie, in diesem Zusammenhang Liaison-Kooperation mit der HNO-Klinik. Persönliches Leipziger musikalisches Highlight: amarcord mit dem a-capella-Festival!

John Lehman (Hamburg)

Leiter der Musical Akademie für Teens an der Jugendmusikschule Hamburg

John Lehman, Amerikaner und Wahlhamburger, seit über 30 Jahren im Musicalgeschäft tätig: als Musikalischer Leiter und Dirigent für Broadway Shows wie Evita, A Chorus Line, Cabaret, Anatevka, La Cage aux Folles und Cats, als Regisseur für Hair, Godspell, Sie Liebt Mich, Company, und Uraufführungen von zwei Musicals, Magdalena und Helena, in St. Gallen und Impressionen, ein Abend mit Debussy und Ravel für Klavier, vier Sänger und Ballett, am Mecklenburgischen Staatstheater Schwerin, und als Vocal-Coach in Deutschland für Cats, Das Phantom der Oper, Buddy Holly und für Stars wie Dominique Horwitz, Moritz Bleibtreu und Kim Fisher. Über 100 von John's Studenten singen und spielen Hauptrollen in erfolgreichen Produktionen von Der König der Löwen, Mamma Mia, Ich war noch niemals in New York, Wicked, Elisabeth, Die Schöne und Das Biest, Tarzan und We Will Rock You, um nur ein paar zu erwähnen. Außerdem ist er als Lehrer für Populärgesang an den Hochschulen für Musik und Theater in Hamburg, Lübeck und Rostock tätig und leitet die Musical Akademie für Teens in Hamburg. Des Weiteren arbeitet er auch mit einem Team, bestehend aus Fachärzten, Logopäden und Gesanglehrern, an der Universitätsklinik Eppendorf in Hamburg in der Spezialsprechstunde und betreut professionelle Sänger mit Stimmproblemen.

Dr. Martin Losert (Berlin)

Wissenschaftlicher Mitarbeiter des Bereiches Instrumentalpädagogik, Universität der Künste Berlin

Martin Losert studierte Schulmusik, DME, KA und Konzertexamen Saxophon(bei Johannnes Ernst) an der Hochschule der Künste Berlin und mithilfe eines DAAD-Stipendiums am Conservatoire de Bordeaux Jacques Thibaud (bei Jean Marie Londeix und Marie-Bernadette Charrier) sowie Politikwissenschaften an der TU Berlin und Musikwissenschaft an der FU Berlin. Er promovierte über die Tonika-Do-Methode bei Prof. Dr. Ulrich Mahlert in Musikdidaktik und ist derzeit wissenschaftlicher Mitarbeiter für den Bereich der Instrumentalpädagogik an der UdK Berlin. Seine bisherigen wissenschaftlichen Veröffentlichungen beschäftigten sich mit Bewegungslernen am Instrument, Musikspielen, Interpretation und Neuer Musik im Instrumentalunterricht. Sein künstlerischer Schwerpunkt liegt im

Bereich der Neuen Musik und Improvisation. So ist er Mitbegründer des Ensemble Mosaik und konzertierte in Deutschland, Österreich, Frankreich, Spanien, Polen, Griechenland, Israel, Mexiko, China, Schweden, Norwegen und der Ukraine auf renommierten Festivals für zeitgenössische Musik wie dem Festival di nuova consonanza Rom, Festival Internazionale di Musica Moderna e Contemporanea Parma, Huddersfield Contemporary Music Festival, Warschauer Herbst, Festival de San Luis Potosi, musica viva München, Musik der Jahrhunderte Stuttgart, Kunstfest Weimar, chiffren Kiel, Musikbiennale Berlin, MaerzMusik Berlin, UltraSchall Berlin und der Klangwerkstatt Berlin. Ferner spielte er in vielen großen deutschen Orchestern (u. a. den Berliner Philharmonikern und dem Deutschen Symphonieorchester).

Prof. Andreas Mohr (Osnabrück)

Professor für Kinderstimmbildung, Hochschule Osnabrück

Seit fast vier Jahrzehnten beschäftigt sich Andreas Mohr beruflich mit der Kinderstimme. Nach dem Studium der Germanistik und Musikwissenschaft in Tübingen und Freiburg sowie dem Gesangstudium in Freiburg war er Stimmbildner an der Domsingschule Rotteburg/Neckar und Dozent für Gesang, Chorische Stimmbildung und Sprecherziehung an der Hochschule für Kirchenmusik Rottenburg sowie Lehrbeauftragter für Gesang und Methodik der Kinderstimmbildung an der Musikhochschule Trossingen. Seit 2007 ist Andreas Mohr Professor für Kinderstimmbildung an der Hochschule Osnabrück. Als Autor von Fachbüchern zur Kinderstimmbildung wurde Andreas Mohr im ganzen deutschsprachigen Raum bekannt. Seine Internetseite www.kinderstimmbildung.eu ist ein Forum für Fragen und Ansichten über die stimmerzieherische Arbeit mit Kindern, gibt Auskunft über Fortbildungsangebote und Workshops und informiert über pädagogische Literatur für das Singen mit Kindern sowie über Neuerscheinungen. Veröffentlichungen zur Kinderstimmbildung: Liederheft für die Kinderstimmbildung. Rottenburg, Pueri Cantores 1996 Handbuch der Kinderstimmbildung. Mainz, Schott Music 1997 Praxis Kinderstimmbildung. Mainz, Schott Music 2004 Lieder - Spiele - Kanons. Stimmbildung in Kindergarten und Grundschule. Mainz, Schott Music 2008

Panda van Proosdij (Rotterdam, Niederlande)

Bewegungstrainerin

Panda van Proosdij studierte an der Rotterdam Dance Academy in den Niederlanden. Sie unterrichtet bei Codarts – der Musiktheater Akademie in Rotterdam und arbeitet mit dem Niederländischen Kinder- und Ju-

gendchor als Bewegungstrainer und Direktor. Sie besuchte als Lehrer und
Workshopleiter verschiedene Europäische Festivals, wie zum Beispiel Europa Cantat, Eurotreff und Chor in Bewegung in Bonn. Panda van Proosdij
arbeitet seit vier Jahren an der Methode „Stimme und Körper", die die
Stimmbildung durch eine gute Körperwahrnehmung unterstützen soll. Auf
diese Weise soll die Bewegung zur Qualität des Singens beitragen. Sie gibt
Meisterklassen über diese Methodik in den Niederlanden und in ganz Europa.

Jane Richter (Berlin)

Chorsolistin, Komische Oper Berlin und Gesangspädagogin des Kinderstudios, Komische Oper Berlin

Jane Richter erhielt ihre erste musikalische Ausbildung in ihrer Geburtsstadt Potsdam. Daran schloss sich ein Gesangs- und Gesangspädagogikstudium an der Hochschule für Musik „Hanns Eisler" Berlin. Hauptberuflich
ist sie als Chorsolistin an der Komischen Oper Berlin tätig. Ihre pädagogische Neigung geht speziell in die Kinder- und Jugendstimmausbildung. In
Verbindung mit der beruflichen Erfahrung als professionelle Chorsängerin
liegt ihr die Ausbildung der Kinder des Kinderchores der Komischen Oper
am Herzen. Gemeinsam mit dem Kinderchorleiter Christoph Rosiny ist sie
an der Entwicklung des relativ neuen Genres „Kinderoper" von Kindern
gesungen besonders aktiv.

Christoph Rosiny (Berlin)

Leiter des Kinderstudios der Komischen Oper Berlin

Christoph Rosiny ist seit 1999 Leiter des Kinderstudios der Komischen
Oper Berlin. Zu seinen Aufgaben gehören die musikalische Einstudierung
des Kinderchores und Leitung der Kinderchorkonzerte. Außerdem tritt er
als Chorsänger in den Extrachören der Komischen Oper Berlin und Deutschen Oper Berlin auf. An der Komischen Oper Berlin studierte er mit dem
Kinderchor neben den Repertoireopern unter anderen die Uraufführungen der Kinderopern „Der Reiter mit dem Wind im Haar" und „Robin
Hood" (Frank Schwemmer) sowie „Pinocchio" und „Die Schneekönigin"
(Pierangelo Valtinoni) ein. Sein Einsatz für kindgerechtes und zeitgemäßes
Musiktheater von Kindern für Kinder an der Komischen Oper Berlin zusammen mit seiner Kollegin Jane Richter zeigt sich darüber hinaus in der
Durchführung von Symposien zum Thema Kinderchor-Opern-Neue Musik
zur Schaffung neuer Kinderopern mit Kindern. Christoph Rosiny studierte
in Freiburg im Breisgau Schulmusik und Geographie, außerdem in Winterthur/Schweiz Querflöte und Gesang.

Dr. Stephan Sallat (Leipzig)

Musik- und Sprachheilpädagoge, Sächsische Landessschule für Hörgeschädigte Leipzig

Dr. Stephan Sallat ist Musik- und Sprachheilpädagoge. Er studiert an der Universität Leipzig und promovierte 2007 in Gießen. Für seine Arbeit zur Musikverarbeitung bei Kindern mit spezifischen Sprachentwicklungsstörungen wurde er 2008 mit dem Deutschen Studienpreis der Körberstiftung ausgezeichnet. Seine musikalische Ausbildung erhielt er von 1985 - 1994 bei den Dresdner Kapellknaben. Seit dieser Zeit leitete er verschiedene nationale und internationale Chorprojekte. Ebenfalls war er von 2000 - 2008 Gesangsschüler bei Bachpreisträger Andreas Sommerfeld. Zurzeit arbeitet er als Musik- und Deutschlehrer an der Sächsischen Landesschule für Hörgeschädigte, Förderzentrum Samuel Heinicke in Leipzig. Seine gegenwärtigen Forschungsschwerpunkte sind unter anderen: Zusammenhänge zwischen Musik und Sprache; Musikverarbeitung im gestörten und ungestörten Spracherwerb sowie Musiktherapie bei Kindern mit Sprach- und Kommunikationsstörungen.

Prof. Dr. Christoph Schönherr (Hamburg)

Professor für Musikpädagogik, Hochschule für Musik und Theater Hamburg

Schulmusik- und Germanistik-Studium in Frankfurt a. Main – Künstlerische Reifeprüfung und Diplom im Fach Chordirigieren (Rilling), Promotion zum Dr. phil. an der HdK Berlin – Professur für „Schulische Musizierpraxis und ihre Didaktik" an der Hochschule für Musik und Theater Hamburg – seit fast vier Jahrzehnten Leiter klassischer und jazzorientierter Chöre (z.B. Jazzchor der Hochschule für Musik und Theater Hamburg, Walddörfer Kantorei, internationaler Festivalchor C.H.O.I.R.) – gefragter Gastdirigent, Workshopleiter und Juror im In- und Ausland – Komponist und Arrangeur, Herausgeber der Reihe „Jazz im Chor"– Zahlreiche Veröffentlichungen (Bücher und Fachartikel) vor allem zu den Themenschwerpunkten „Chorleitung", „Didaktik und Methodik der Probe" und „phänomenorientierte Musikvermittlung"

Prof. Dr. med. Wolfram Seidner (Berlin)

Facharzt für HNO-Heilkunde, Facharzt für Phoniatrie und Pädaudiologie, Sänger, em. Leiter der Abteilung für Phoniatrie und Pädaudiologie an der Universitäts-HNO-Klinik Charité (Campus Mitte)

Studium der Humanmedizin sowie Musikstudium mit dem Hauptfach Gesang (Solistenabschluss und Lehrbefugnis für Gesang). Tenorsolist vorwiegend im kirchlichen Rahmen (Lieder, Kantaten, Oratorien, Konzertreisen sowie Fernseh- und Schallplattenaufnahmen mit den „Berliner Solisten", Kritikerpreis der Deutschen Schallplatte für die beste Schütz-Interpretation „Schwanengesang" des Jahres 1985). Facharzt für HNO-Heilkunde und Facharzt für Phoniatrie und Pädaudiologie. Leiter der Fachabteilung für Phoniatrie und Pädaudiologie an der Univ.-HNO-Klinik Charité (Campus Mitte) 1995 - 2005. Zahlreiche Vorträge und Publikationen. Arbeitsschwerpunkte: Stimmdiagnostik, Erkrankungen der Sing- und Sängerstimme, stimmverbessernde Operationen. Gründung, wissenschaftliche und organisatorische Leitung der Berliner gesangswissenschaftlichen Tagungen (36) sowie der Berliner Vortrags- und Gesprächsrunden „Stimmerkrankungen bei Schauspielern und Sängern" (9), Kurse für Phonochirurgie. Lehraufträge an den Berliner Musikhochschulen, zahlreiche Gastvorlesungen an Musikhochschulen außerhalb Berlins. Mitbegründer und -organisator der Internationalen Stuttgarter Stimmtage sowie der Lübbenauer Schlosskurse „Stimmdiagnostik". 12 Bücher (u. a. Seidner/Wendler „Die Sängerstimme", 5. Aufl. 2010, Wendler/Seidner/Eysholdt „Lehrbuch der Phoniatrie und Pädaudiologie", 4. Aufl. 2005, Seidner „ABC des Singens", 2. Aufl. 2010). Mitglied nationaler und internationaler Fachgesellschaften, z. B. Deutsche Gesellschaft für Phoniatrie und Pädaudiologie, Collegium Medicorum Theatri, International Association of Phonosurgeons, Bundesverband Deutscher Gesangspädagogen, Deutsche Gesellschaft für Musikphysiologie und Musikermedizin, Deutsche Richard Wagner-Gesellschaft.

Prof. Friederike Stahmer (Berlin, Hannover)

Professorin für Kinder- und Jugendchorleitung, Chorleiterin

Prof. Friederike Stahmer leitet seit dem Sommersemester 2009 den Masterstudiengang Kinder- und Jugendchorleitung an der Hochschule für Musik, Theater und Medien. Nach dem Studium der Schulmusik absolvierte sie ein Gesangspädagogikstudium mit dem Schwerpunkt Chorleitung an der Universität der Künste Berlin. Sie ergänzte ihre Studien bei Volker Hempfling und Gary Graden (Chorleitung) sowie bei KS Carola Nossek (Gesang). Zusätzlich absolvierte sie ein Studium der Volkswirtschaftslehre an der Humboldt-Universität zu Berlin. Friederike Stahmer leitet den Mädchenchor der Sing-Akademie zu Berlin, der regelmäßig in eigenen Konzerten zu hören ist und in große Aufführungen Berliner Chöre und Orchester eingebunden wird. So konzertierte sie unter anderem im Mai 2007 mit den Berliner Philharmonikern unter Claudio Abbado. Gastdirigate und Masterclasses führten Friederike Stahmer in das In- und Ausland.

Helmut Steger (Halle/Saale, Heidelberg)

Chorleiter, Stimmbildner, Komponist

Helmut Steger ist als Schulmusiker ausgebildet an der Musikhochschule Heidelberg-Mannheim und an der Universität Heidelberg und war fast 20 Jahre als Schulmusiker in Süddeutschland tätig. Daneben leitete er verschiedenste Chortypen – Schulchor, Kammerchor, Gesangverein, Kantorei, Solistenensemble. Von 1985 bis 1997 Leiter des Kinder- und Jugendchores „Ulmer Spatzen". Mit diesem zahlreiche Preise bei Wettbewerben, Erst- und Uraufführungen sowie Konzerttourneen in die USA, nach Japan, Großbritannien, Russland. Bei den Deutschen Chorwettbewerben 1998 und 2002 erhielt er mit dem 1995 gegründeten Frauen-Kammerchor „cantus novus ulm" je einen zweiten Preis und einen Sonderpreis. Mit dem Knabenchor der Stadt Halle, den er von 1998 bis 2003 leitete, ersang er einen 1. Preis plus Sonderpreis in der Kategorie Knabenchöre beim Deutschen Chorwettbewerb 2002. Für den AMJ, EUROPA CANTAT und andere Organisationen war er bei zahlreichen nationalen und internationalen Singwochen und Festivals als Dozent tätig sowie vielfach Juror bei deutschen und europäischen Chorwettbewerben. Mehr als 30 Jahre arbeitete er im Bundesvorstand des AMJ mit, von 2000 bis 2006 als dessen Vorsitzender. Helmut Steger lebt als freier Chorleiter und Dozent in der Region Heidelberg.

Prof. Sascha Wienhausen (Osnabrück)

Professor für Didaktik des Populären Gesangs, Hochschule Osnabrück, Dipl.-Gesangspädagoge, Dipl.-Sänger

Prof. Sascha Wienhausen schloss seine Ausbildung an der Musikhochschule Detmold als Diplomgesangspädagoge und mit Reifeprüfung im Konzert- und Oratoriengesang ab. Der Kontaktstudiengang Popularmusik und die Bühnenreife im Fach Musical komplettierten seine Ausbildung. Er ist Preisträger renommierter Musikwettbewerbe und seit 1991 an großen Bühnen von Nürnberg über Bologna bis Wien in den Bereichen Musical, Klassik und moderne Oper engagiert. Konzertverpflichtungen führten ihn in den gesamten deutschsprachigen Raum. Als Pädagoge war und ist er seit 1988 an verschiedenen Musikschulen, Hochschulen und Universitäten tätig; seit 2003 überwiegend in Osnabrück, wo er als Rektor und künstlerischer Leiter der German Musical Academy arbeitet. Von 2009 bis 2011 wurde er als Gastprofessor an die Hochschule für Musik und darstellende Kunst Wien berufen. Seit 2009 ist er als Professor am Institut für Musik der Hochschule Osnabrück in den Profilen Pop und als Profilleiter für den Studiengang Musical tätig. Sein Hauptaufgabengebiet liegt im Bereich der Fachdidaktik des Pop- und Musicalgesanges als auch im künstlerischen Hauptfach.

Glossar

Adenotomie - chirurgische Entfernung der Rachenmandel

auditiv - mit dem Gehör

Dysodie - Singstimmstörung

Epithel - oberflächliche Schicht der Stimmlippe

Frenulotomie - chirurgische Durchtrennung eines verkürzten Zungenbändchens

Glottis - Stimmritze

intraphonatorisch - während der Stimmentstehung

kinästhetisch - Wahrnehmung durch Rezeptoren in den Gelenken, Muskeln und Sehnen

Ligamentum vocale - Stimmband innerhalb der Stimmlippe

Musculus vocalis - Stimmmuskel innerhalb der Stimmlippe

Mutation - hier: Stimmwechsel

Parazentese - chirurgische Eröffnung des Trommelfells durch einen Schnitt (bei Erguss im Mittelohr)

Phonem - kleinste, bedeutungsunterscheidende Einheit der Sprache

präphonatorisch - vor der Stimmentstehung

Prosodie - Gesamtheit spezifischer sprachlicher Eigenschaften wie Akzent, Intonation, Sprechpausen

R&B - Rhytm and Blues

Tessitur - musikalischer Tonhöhenumfang einer Stimme

Tonsillektomie - chirurgische Entfernung der Gaumenmandeln

Tonsillotomie - chirurgische Kappung der Gaumenmandeln

transglottisch - durch die Stimmritze hindurch

velopharyngeale „Pforte" - Raum zwischen Gaumensegel und Rachenhinterwand, Verbindung zwischen Nasen- und Mundrachen

Index

Bislang erschienene Bände der Reihe
Kinder- und Jugendstimme

Singen und Lernen
Michael Fuchs [Hrsg.]

Band 1, Februar 2007, 188 Seiten,
ISBN 978-3-8325-1333-7

Preis: 29,00 EUR

Mit Beiträgen von Eckart Altenmüller, Peter Brünger, Michael Fuchs, Robert Göstl, Silke Heidemann, Marion Hermann-Röttgen, Sebastian Jentschke, Annerose Keilmann, Stefan Koelsch, Andreas Merkenschlager, Johanna Metz, Andreas Mohr, Maria Seeliger, Susanne Thiel, Christina Wartenberg und Kathleen Wermke

Wie kann Singen das Lernen unterstützen und wie lernen Kinder und Jugendliche Singen? Wie kann Singen die Entwicklung einer sozialen Kompetenz unserer Kinder beeinflussen und wie können wir diese Elemente in der modernen Medizin der Kommunikationsstörungen einsetzen? Die Lernprozesse beim Singen und Musizieren, aber auch beim Erlernen grundlegender Kommunikationsfähigkeiten in den verschiedenen Altersgruppen werden von ausgewiesenen Spezialisten aus den Fachgebieten Medizin, Neurowissenschaften und Musikpädagogik dargestellt.

Mit diesem ersten Band der Reihe „Kinder- und Jugendstimme" liegt somit ein allgemeinverständliches Kompendium des aktuellen Wissenstandes über die Zusammenhänge zwischen Singen und Lernen vor, das sich an eine interdisziplinäre Leserschaft richtet.

Stimmkulturen
Michael Fuchs [Hrsg.]

Band 2, Februar 2008, 203 Seiten,
ISBN 978-3-8325-1702-1

Preis: 34,00 EUR

Mit Beiträgen von Jens Blockwitz, Klaus Brecht, Michael Büttner, Michael Fuchs, Maria Goeres, Nele Gramß, Barbara Hoos de Jokisch, Werner Jocher, Harry van der Kamp, Anita Keller, Christian Lehmann, Sylvia Meuret, Bernhard Richter, Berit Schneider et al., Christoph Schönherr, Wolfram Seidner, Claudia Spahn und Johan Sundberg.

Singende Kinder und Jugendliche interessieren sich für vielfältige Stimmkulturen: Sie können sich für Pop-, Film- und Rockmusik, Musical und Gospel genauso begeistern wie für die typischen Volks-, Kinder- und Kunstlieder und die klassische Chorliteratur oder sogar für die Alte Musik. Darauf müssen alle Disziplinen, die sich mit der Pflege, Ausbildung und Gesunderhaltung junger Stimmen beschäftigen, vorbereitet sein: Gesangspädagogen, Chorleiter, Stimmbildner, Musiklehrer aber eben auch die Mediziner und die Wissenschaftler.

In einem großen inhaltlichen Bogen zwischen Madrigal und „Tokio Hotel" werden die Möglichkeiten und Anforderungen, aber auch die Gefahren für die jungen Stimmen beleuchtet, die durch das Singen in diesen verschiedenen Musikstilen und -kulturen bestehen. Das vorliegende Kompendium aus Beiträgen von internationalen Spezialisten präsentiert dafür in einer allgemein verständlichen Sprache und aus interdisziplinärer Sicht aktuelle Erkenntnisse aus der Stimmforschung und zahlreiche Übungsbeispiele für das Singen mit Kindern und Jugendlichen in der täglichen Praxis.

Hören, Wahrnehmen, (Aus-)Üben

Michael Fuchs [Hrsg.]

Band 3, Februar 2009, 200 Seiten,
ISBN 978-3-8325-2150-9

Preis: 34,00 EUR

Mit Beiträgen von Heike Argstatter, Hans Volker Bolay, Sebastian Dippold, Anne-Marie Elbe, Michael Fuchs, Uli Führe, Claus Harten, Malte Heygster, Christian Kabitz, Yoshihisa Matthias Kinoshita, Olga Kroupová, Alexandra Ludwig, Dirk Mürbe, Rudolf Rübsamen, Rainer Schönweiler, Wolfram Seidner und Helmut Steger.

Für das Singen und für jede stimmliche Äußerung ist ein komplexer Regelkreis erforderlich: Er beginnt beim Hören und führt über das Wahrnehmen und Verarbeiten zum Üben und Ausüben und wieder zurück zum Hören und Wahrnehmen für die Eigenkontrolle der Stimme. Die dazu erforderlichen Fähigkeiten des Gehörs, des Gehirns und des Stimmapparates entwickeln sich bereits im Säuglingsalter und über die gesamte Zeit der Kindheit und Jugend. Sie sollten auf der Grundlage eines fachübergreifenden Wissens und Könnens der Bezugspersonen gefördert und trainiert werden.

In diesem Band stellen dazu ausgewiesene Spezialisten aus den Bereichen Neurowissenschaften, Medizin, Musiktherapie, Sportpsychologie, Kommunikationswissenschaft, Pädagogik und Gesangspädagogik in allgemein verständlicher Weise ihre Kenntnisse und Sichtweisen dar. Die interdisziplinäre Schriftenreihe „Kinder- und Jugendstimme" richtet sich an Leser, die sich mit der Ausbildung, Pflege, Gesunderhaltung und Behandlung von jungen Stimmen beschäftigen, ob als Musikschul- und Musiklehrer, Gesangspädagogen, Ärzte, Logopäden, Sprechwissenschaftler oder Vertreter verwandter Professionen.

Wechselwirkungen zwischen Erwachsenen- und Kinderstimmen

Michael Fuchs [Hrsg.]

Band 4, Februar 2010, 180 Seiten,
ISBN 978-3-8325-2382-4

Preis: 34,00 EUR

Zwischen den Sprech- und Singstimmen von Kindern, Jugendlichen und Erwachsenen gibt es in der täglichen Kommunikation und beim Singen zahlreiche Wechselwirkungen.

Erwachsene können gute oder schlechte stimmliche Vorbilder sein: in der Familie, in Kindertagesstätte und Schule, in der Stimmbildung, im Gesangsunterricht und im Chor aber auch in den Medien. Von ihnen hängt ab, ob es das Kind lernt, sich stimmlich differenziert und den Inhalten und Emotionen entsprechend zu äußern. Denn nur so verfügt es für seine Kommunikation und später für den Beruf über gute stimmliche Ausdrucksmittel.

Erwachsene können aber auch von Kindern lernen: ihre Neugier für das Ausprobieren der eigenen Stimme, ihre (hoffentlich) ungetrübte und unvoreingenommene Freude an der Vielfalt der vokalen Äußerung - beim Sprechen und Singen und ihre Aufgeschlossenheit für „Neue Musik" und andere Hörgewohnheiten. Schließlich bleibt zu fragen: Was sagt die Kinderstimme dem Erwachsenen über Bedürfnisse und Wünsche? Gelingt es uns, darauf zu hören?

Spezialisten aus ganz verschiedenen Fachrichtungen dokumentieren in allgemein verständlicher Weise den aktuellen Wissensstand über diese Wechselwirkungen.

Stimme – Persönlichkeit – Psyche
Michael Fuchs [Hrsg.]

Band 5, Februar 2011, 220 Seiten,
ISBN 978-3-8325-2775-4

Preis: 34,00 EUR

Unsere Stimme ist ein essentielles Element unserer Persönlichkeit: Mit ihr übermitteln wir nonverbale Informationen über unseren emotionalen Zustand und unsere psychische Verfassung. Die Verschlüsselung dieser Informationen erfolgt in konkreten Leistungs- und Qualitätsparametern der Sprechstimme und prägt von den ersten stimmlichen Äußerungen an die Kommunikation mit der Umwelt. Beim Singen sind die Emotionen durch die Musik codiert. Dabei kann die menschliche Stimme wie kein anderes Instrument Emotionen übertragen und wecken.

Kinder und Jugendliche müssen während ihrer Entwicklung lernen, mit ihrer Stimme Gefühle auszudrücken und sie als Teil ihrer Persönlichkeit einzusetzen. Dabei kann (richtiges) Singen helfen. Spezialisten aus ganz unterschiedlichen Fachgebieten stellen in allgemein verständlicher Sprache die Zusammenhänge zwischen Stimme, Persönlichkeit und Psyche dar und geben ganz konkrete Anleitungen und Hinweise für die musikpädagogische und therapeutische Arbeit mit Kindern und Jugendlichen. Darüber hinaus finden sich in diesem Band zahlreiche Anregungen für die Wahrnehmung der eigenen Stimme und den Umgang mit ihr.

Entwicklung der Stimmleistung und -qualität im Kindes- und Jugendalter

Michael Fuchs

Mai 2009, 196 Seiten
ISBN 978-3-8325-1998-8

Preis: 49,00 EUR

Für die Betreuung der Stimme im Wachstum, für die Begeisterung von Kindern und Jugendlichen für das Singen und für die Gesunderhaltung und Behandlung junger Stimmen ist eine enge interdisziplinäre Zusammenarbeit verschiedener medizinischer, (gesangs-)pädagogischer und wissenschaftlicher Disziplinen erforderlich.

Ausgehend von den hier dargestellten aktuellen Ergebnissen der Forschungsarbeit der Abteilung für Phoniatrie und Audiologie des Universitätsklinikums Leipzig, die neue Erkenntnisse über die Entwicklung der Stimme und der vielfältigen Einflüsse auf diese Entwicklung erbrachten, wird ein praktikables Konzept für diese Zusammenarbeit dargestellt.

Der Autor beschäftigt sich als Facharzt für Phoniatrie und Pädaudiologie sowie für Hals-, Nasen-, Ohrenheilkunde seit vielen Jahren wissenschaftlich mit der Entwicklung, Diagnostik und Therapie der Kinder- und Jugendstimme und betreut zahlreiche Chöre in Mitteldeutschland, unter anderem den Thomanerchor Leipzig, den MDR-Kinderchor und den Gewandhauskinderchor. Zudem gründete er die Leipziger Symposien zur Kinder- und Jugendstimme, die seit 2002 jährlich als internationales und interdisziplinäres Podium für die wissenschaftliche und (gesangs-)pädagogische Betreuung singender Kinder und Jugendlicher stattfinden.